设计的教科书

包装设计

[日]日经设计　编

张华峰　洪　鸥　颜律诚　译

中国建筑工业出版社

前言

　　大多数厂家认为，只要自己的产品足够好，就一定能在市场上走俏。

　　事实并非如此简单，打造一款热销产品，除了商品本身具备的独特魅力，生产商更应该强调和突出的是自己的产品与其他同类商品的不同。通过更直观的方式，直接让消费者理解产品价值，促进消费者购买。最直接的方法是通过包装设计，让消费者认识到商品的价值，从而产生购买的愿望，也就达成了企业的目的——让这款商品热销。

　　在品种繁多的商场里，哪个产品能最先进入消费者的眼中，能最迅速地让消费者理解这个商品的作用，促成这种眼缘只有通过产品包装。

　　很多时候人们喜欢把商品包装比喻为衣服。迎合不同消费者的需求，给商品穿上漂亮的服装送到市场。

　　本书整理了关于产品包装的制作方法、设计手法，以及面对市场发布等的实际操作手法。针对产品包装在设计上的注意事项，运用具体的包装设计开发事例进行讲解分析。同时，收录了根据消费者的调查得出的理解消费者心理的方法，以及设计师在设计开发上的一些要领和方法。内容涵盖了从食品到日用消费品、化妆品以及家电等各种各样"以包装制胜"的商品的实用知识。

日经设计编辑部

目录

材料与设计

第2章 理论 篇 ·· 069

300名设计师谈设计

第3章　实践 篇 ·· **109**

材料与设计

第5章　资料 篇 217

本书是2003～2012年间在《日经设计》上登载过
的文章的合集。书中登载的商品设计以及价格信
息皆为登载当时的信息。书中介绍的部分商品已
经停止销售；书中有些设计，现在市场上的商品
已经没有了。

由于使用本书所产生的一切经营上的损失，日经
设计编辑部将不承担一切责任。

第 1 章

包装设计的基础知识

包装设计的重要作用

饮料瓶（聚酯瓶）1／聚酯瓶的制作方法

饮料瓶包装上最重要的点是它的设计性和环保性能，
因此我们首先来了解一下制作方法和特性。

　　想打造饮料产品中的热销产品，最重要的是在外包装的色彩和形状上下功夫。为了做出市场上引人注目的产品，还是要先让我们来了解一下聚酯瓶不为人知的特征。

　　聚酯瓶是以 polyethylene terephthalate（聚对苯二甲酸乙二醇酯）为原料的塑料瓶，现在日本国内生产的聚酯瓶中根据灌注的内容不同可以分为四大类。放碳酸饮料的是耐压瓶和耐高温压瓶，放果汁和绿茶的是耐高温瓶，放牛奶的是非耐高温瓶等四类。（各种瓶的特征详见第12、13页的说明）

　　聚酯瓶最大的特点就是轻。它的重量是同容量的玻璃瓶的 1/10～1/7 左右。对于消费者来说，具有携带方便以及总重量轻的优势。饮料生产厂家也因此降低了运输成本。同时，与玻璃容器相比，塑料瓶

聚酯瓶的制作过程

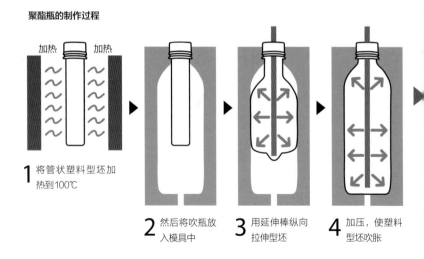

加热　　　加热

1 将管状塑料型坯加热到100℃

2 然后将吹瓶放入模具中

3 用延伸棒纵向拉伸型坯

4 加压，使塑料型坯吹胀

具有耐撞击的特点。所以，塑料瓶受到厂商和消费者的支持，成为各行各业的首选包装材料。

吹塑，先把管状塑料型坯加热到100℃，将其放置于对开模中，用延伸棒纵向拉伸型坯，闭模后立即在型坯内通入压缩空气，使塑料型坯吹胀而紧贴在模具内壁上，经冷却脱模后而制作出来的各种中空塑料制品。

各饮料生产厂家在追求高设计性的同时，力求塑料瓶的轻量和薄壁化。这样不仅节省了制作成本，同时也为企业对社会的环保责任作了一个很好的宣传。

2012年10月到现在，市场上所有600ml以下的饮料瓶中，最轻的小型饮料瓶是日本可口可乐公司生产的"I LOHAS"矿泉水瓶，质量只有12g。理论上可以制作更轻的容器，但是考虑到更容易注入、瓶壁强度以及易皱等因素制约，以及综合考虑运输和陈列时的方便性，比这个更轻的饮料瓶还无法适应市场需求。

现在的饮料瓶的设计在努力挑战消费者的认识，对于易出皱的饮料瓶在设计上作突破，得到消费者的认可。

5 经冷却脱模后而制作出来的各种中空塑料制品

日本可口可乐公司的 I LOHAS矿泉水瓶

[基础篇]

聚酯瓶 2 / 聚酯瓶的种类

聚酯瓶可以分为 4 种，
让我们一起来了解一下平时注意不到的每种瓶子的特点。

❶ 耐压瓶 / ❷ 耐高温瓶

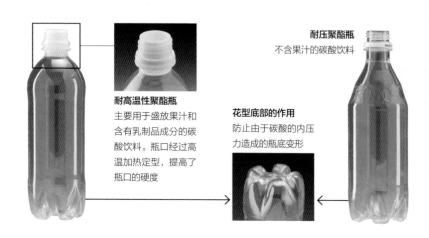

耐压聚酯瓶
不含果汁的碳酸饮料

耐高温性聚酯瓶
主要用于盛放果汁和含有乳制品成分的碳酸饮料。瓶口经过高温加热定型，提高了瓶口的硬度

花型底部的作用
防止由于碳酸的内压力造成的瓶底变形

不含果汁和乳制品的碳酸饮料使用的是耐压瓶（右图）。为了保证注入时碳酸气体不流失，所以温度保持在 5℃左右。根据饮料的特点，不需要加热杀菌，所以这种瓶不需要耐高温性。

含有碳酸的饮料会造成饮料瓶内的内压高，对饮料瓶的内壁厚度要求高。与不含碳酸的耐高温和不耐高温的饮料瓶相比棱角少，不容易因为内压高造成瓶体变形。

含有果汁和奶成分的碳酸饮料，使用耐高温压瓶（左图）。这种饮料瓶的装瓶方法是，装入饮料，盖紧瓶盖后，浇温水杀菌，所以要求瓶口要有结晶化处理，硬度要高。耐高温瓶和耐压瓶的区别就是瓶口，因为需要结晶化处理，瓶口为白色的就是耐高温压瓶。同时，耐高温压瓶和耐压瓶的区别还在于，因为碳酸会导致内压增强，所以耐压瓶的瓶底呈花型。

❸ 耐高温瓶

耐高温瓶多用于绿茶、乌龙茶等不含糖的茶饮料。这些饮料注入时的温度在85℃左右，所以此类容器具有很强的耐高温性能。特别是瓶口部分，如果因为高热导致变形，会导致瓶口不能封紧，会造成细菌容易侵入，所以对耐高温瓶的瓶口也进行了结晶化处理。同时，为了防止容器变形，容器的侧面也做成了防变形的减压吸收的矩形平板。

耐热瓶
耐热瓶主要装绿茶、乌龙茶等不含糖的茶饮料。为了防止加热造成的瓶口变形，所以瓶口进行了结晶化处理

❹ 非耐热瓶

装有咖啡或者乳制品的饮料瓶，容器和饮料分别进行120℃左右的杀菌，然后在常温状态下的无菌室填充饮料。非耐热瓶不在填充饮料后再次加热杀菌，所以不需要考虑瓶口变形的问题。所以，瓶口不需要结晶化处理，就是透明的。

非耐热瓶因为不需要具备耐热和耐压的性能，制作成本较低。但是，因为需要使用无菌设备，也增加了一定的额外成本。

非耐热瓶
装入含有乳制品的咖啡或者红茶，装瓶过程需在无菌室操作

[基础篇]

纸包装 / 纸盒包装

纸盒包装的种类也很丰富，
这里把几种简单的纸盒包装介绍给大家。

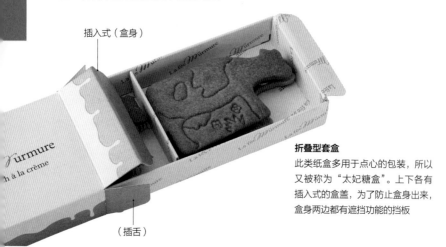

插入式（盒身）

（插舌）

折叠型套盒
此类纸盒多用于点心的包装，所以
又被称为"太妃糖盒"。上下各有
插入式的盒盖，为了防止盒身出来，
盒身两边都有遮挡功能的挡板

锁底式纸盒
这类纸盒更多地用于包装点心
或带装密封食品。用自动包装
机可以进行简单的操作包装，
适合面向大量生产的包装盒。
因为整体粘合为一体，用锯齿
状铡切线也能轻松地打开

挂钩式纸盒
这是一种多用于日用杂货品的
包装方式，挂在挂钩上易于商
品陈列。这种包装盒的原材料
除了纸质以外，树脂类材料也
经常被使用

盒底组装式（one touch式）

底部四个角中的两个角是粘合的，包装商品的时候可以简单地组装，适用于量产的产品。但是，因为需要胶粘的面多，相应地增加了生产成本

盒底组装式（地狱式）

与折叠盒比起来，底部的强度增加了，但是如果在中心部位加力，会导致盒底开裂，这种包装不如one touch式的底部强硬

纸包装／纸盒包装2／组合式纸箱

根据复杂的造型实现了高强度、多机能以及特殊形状的组合式纸箱，
根据不同的组合方式给客户带来更多特别的使用体验。

盒盖式

这是最普通的组合式纸箱的类型。盒
底因为折叠加工，所以厚度大，耐压
力强。一般这种组合纸箱用于百货商
场地下食品专柜的高档点心包装

手持提携式

带手持的包装盒。现在利用这种形状
制作了各种包装盒款式，受到制造商
的欢迎（参考P224）

抽取式

盒盖做成四角方盒，里
面的盒身可以拉滑抽取

书本式

就如文字描述的一样，像书本一样
翻开的盒盖式组装盒

笼屉式
盒盖和盒身的大小尺寸相同，套装在一起，使包装一体化

盘式折叠纸盒
盒盖和盒身是一体化的制作方式，结构比较简单，不用粘合，制作成本低。电脑箱等纸盒箱多用这种构造

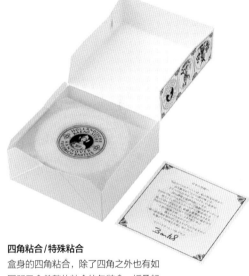

四角粘合／特殊粘合
盒身的四角粘合，除了四角之外也有如图所示盒盖整体粘合的包装盒。折叠起来的时候可以做成板状，减少了运输过程中的成本

异形纸盒
纸盒不仅仅局限于圆形，还可以根据形状来做各种各样的包装盒

管式折叠纸盒
把纸盒卷成管状的包装方式，比较坚硬，更具有高级感

纸箱包装3／裱糊盒及其他

纸盒加工技术的革新创造出更多包装设计的可能，
将包装演绎出更高水平。

粘合盒

在厚的瓦楞纸或是木头做成的包装箱上，用高端纸贴
面，这种包装箱多用于日式点心盒、高级音箱包装以及
高端饰品等，这是一种用于体现商品高端的包装方式

V角盒

将厚纸多重地重叠后的一个角做成
45°的高精度折角，现在在日本能
够进行这种包装盒加工的企业很少

纸浆杯

这是共同印刷公司持有的特殊技术，是以纸浆为原料放入模具中做出的纸杯。根据压力不同做出的成品种类不同，可以实现的硬度从陶器到和纸不等

冲压容器

把纸或树脂胶片重叠后进行冲压成型。独特的、柔和的曲线带给商品一种温和的氛围。这是铃木松风堂独立开发的技术

包装设计

罐式包装1的种类和制作方法

酒类、罐头以及护发用品多使用罐装包装，
根据制作方法和使用材料不同，包装的种类和功能区别很大。

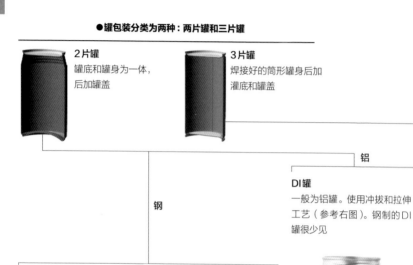

●罐包装分类为两种：两片罐和三片罐

2片罐
罐底和罐身为一体，
后加罐盖

3片罐
焊接好的筒形罐身后加
灌底和罐盖

铝

DI罐
一般为铝罐。使用冲拔和拉伸
工艺（参考右图）。钢制的DI
罐很少见

钢

TULC
塑料膜和金属板通过高温
热压，将膜贴在金属板上，
然后冲压拉升后成型。成
型的时候不使用水和润滑
剂。这是东洋制罐公司开
发的加工技术

DR罐
只进行冲拔工艺

人们常用的咖啡和啤酒大多由罐装包装而成，这些包装罐是怎么制作生产出来的，大多数人并不知道。现在介绍一下罐的种类和制作工艺。

首先，根据罐的结构不同分为两大类。一类是啤酒罐和碳酸饮料经常使用的两片罐。另一类是水果罐头和咖啡罐使用的罐身、罐盖和罐底的三部分结构的三片罐。

两片罐使用铝或钢板做成的罐

● DI罐的成型方法

1. 冲压加工

冲压铝板，制作出大致的形状。DR加工只需要这一道工序

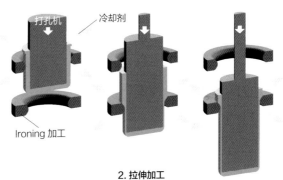

打孔机

冷却剂

Ironing 加工

2. 拉伸加工

也称为Ironing加工。通过模具和打孔机的缝隙挤压变薄

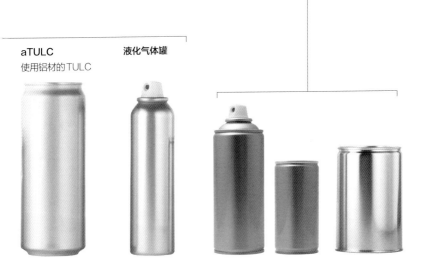

aTULC
使用铝材的TULC

液化气体罐

底和罐身一体化的容器。依据加工工程不同分为DR罐（只进行冲压加工）、DI罐（在冲压的基础上进行拉伸加工）、TULC罐（贴膜冲压拉伸加工）三种类型。同时，根据包装的内容不同，使用钢材和铝制材料。

　　成型和后上罐盖的金属罐加工，大多使用在电动车的燃料电池的包装上。除了用于包装上以外，这种金属罐也被开发使用在其他用途上。

（摄影·资料提供：东洋制罐）

包装设计的基础知识

罐式包装2／印刷和特殊成型

我们在生活中看到的色彩鲜艳的各式罐式包装，
它们用于不同的销售和使用目的。

●印刷的种类

树脂凸版印刷

这是两片罐的最普通的印刷
方法。印刷网点为50mm，
油墨量比较多，所以适合
用于表现视觉冲击力比较
强的商品包装印刷。多见
于啤酒罐的印刷

平版印刷

平版印刷的网点为7mm，
因为比较细腻，适用于有
渐变或是图片的印刷

●加工的种类

形状加工

主要用于装饰的
目的

钣金加工

在罐的外部做一个
型，罐的内部用水
压力成型

①　　　　　　　　　　②

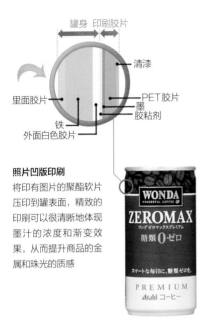

罐身　印刷胶片

清漆

里面胶片

PET胶片
墨

铁

胶粘剂

外面白色胶片

照片凹版印刷
将印有图片的聚酯软片
压印到罐表面，精致的
印刷可以很清晰地体现
墨汁的浓度和渐变效
果，从而提升商品的金
属和珠光的质感

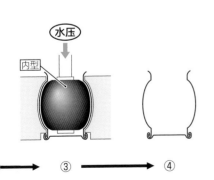

水压

内型

③　　④

制造出更有特色的包装罐，可以遵循以下三个方法。第一个是印刷，第二个是罐成型后的二次凹凸雕作，第三个是罐成型后进行再次成型，从而达到个性加工的效果。

就印刷分类来说，包括罐成型之前的胶印，胶片印刷和成型之后的曲面印刷，照片印刷后树脂软片压层在罐上的凹版印刷。两片罐一般采用的是曲面印刷。曲面印刷又分为树脂凸版印刷和平版印刷两种（参考左侧图片说明）

罐表面的压花工艺，逐渐成为商家为了增强商品表现力的不可缺少的表现方式。

罐的二次成型的加工中，经常使用的是钣金加工方式。多用于红茶等的罐装包装中。（如左图所示）罐体内部采用水压进行扩充的加工方式。

玻璃瓶包装1／选择玻璃瓶包装的理由

虽然存在自重大、易破损等缺点，
但是因为造型设计的独特性而受到广泛欢迎。

　　"甜品类食品，制作当日不食用的话，鲜度就会下降。为了避免这个问题，封闭的瓶装甜品，在密封状态下可以保持2年的保鲜期"，从事果酱、料理汁等包装食品的生产和销售的长泽宏治这样来描述瓶装包装品的重要性。

　　既能在添加食用添加剂的基础上相对长时间地保存食物，又能衬托出食物的高级感，瓶装的重要性越来越被重视。

作为Zakka的魅力

　　玻璃瓶因为又重又容易破损，加上运输不方便的缺陷，作为包装品的实用性远远低于树脂和罐装。瓶装的生产量也在逐年减少。但是，从瓶装回收促进协会的资料来看，与玻璃瓶包装的生产量相比，空瓶的环保利用价值逐渐加大。Karetto的利用率在2006年达到94%。玻璃瓶作为一种回收率很高的环保包装材料逐渐被认

可。同时，因为不容易磨损，即使不被回收也可以作为家里的小容器来进行二次利用。

　　意识到瓶包装的二次利用和环保的特点，生产厂商开始注重瓶装的包装产品开发。Serufi一年销售了170万个玻璃瓶包装的食品，通过和制瓶企业的合作，共同打造更具魅力的瓶装产品。

　　果酱布丁是Serufi的瓶装代表产品。（右图）瓶底带些圆弧设计，向瓶口逐渐缩小，乍看上去是布丁和酸奶制品中经常看到的包装模式。但是瓶盖为拧盖设计，是至今为止还未有过的包装形式。

　　在做新食品企划的阶段，也可以考虑利用玻璃瓶包装来提升产品的竞争力。涂在面包上的布丁状的果酱，为了能迅速体现产品的特点，同时又满足食品保存期上的高要求，瓶盖要求密封性强，长泽代表和玻璃瓶厂家在产品开发的同时进行了外包装

的瓶装产品的设计开发。

　　由此，布丁果酱成为该公司最受欢迎的产品之一。同时，造型可爱的玻璃瓶包装在家庭制作布丁和酸奶的时候可以进行二次利用，因为有盖，也多被用于装置各种调料的容器。不仅仅是包装上的成功，包装后的二次利用的价值也被高度评价。

和包装生产厂家共同开发的拧盖式玻璃瓶（图左）的个性包装容器

玻璃瓶包装2／瓶装产业的商业模式

将瓶身稍微作些改变，增加使用的舒适度，
促进二次利用的加工也很重要。

神奈川县镰仓市经营甜品果酱的店铺"Romi Yuni"（以下简称Romi），他们使用的包装是透着古董味道的瓶制包装。是由Des Pots品牌独特为Romi开发的包装产品，包装瓶同时在店内出售，受到消费者的欢迎。

瓶盖演绎产品的趣味性

美食研究家的Igarshi Romi在Romi刚开业的时候曾经使用国外进口的玻璃瓶包装。但是，瓶表面的处理和瓶角的处理都没有得到日本消费者的认可。

如果独自开发玻璃包装瓶，一次最少要做10万个，一个店铺是否可以消费这么多的容器是个难题。考虑到这个问题，以经营瓶装容器来解决库存过多的问题，所以做出了Des Pots这个品牌。

Des Pots容器的瓶口比较大，没有收口设计，成品率低。再加上"果酱和酸奶瓶也存在如果瓶口过窄不利于取出的问题"，所以这种瓶口增加了使用上的方便性。以同一个形状的不同颜色的瓶盖，来增加瓶装包装的趣味性。

Romi以及前面介绍过的Serufi，不仅在玻璃瓶的包装设计上下足了功夫，而且在作为包装之外的容器用途上也做了多种尝试。比如，从对消费者的调研中发现，日常生活中瓶的使用方法，通过编辑成书或是卡片来进行宣传和介绍。Romi为了促进包装瓶的二次利用，开始了十个空瓶换一瓶果酱的促销服务。

不仅仅是商品卖出去就不管了，而是增加了售后和客户的互动，也促进了利用包装瓶的新的商业模式。瓶装包装取得了很好的市场效果。

瓶口设计较宽，比较容易取出罐中
物品，满足了使用的方便性需求。
同时，独特的瓶盖设计，也增加了
产品使用上的乐趣。瓶盖为单独销
售的产品。

包装设计

向苹果公司学习，掌握包装设计的四个功能

**充分理解包装设计的"提升—传递—演绎—表达"的四个功能，
进行包装设计。**

生产出人气产品的企业往往在包装设计上也倾注了力量。苹果公司的iPod系列可以作为这方面的代表产品。透明的外壳设计，不仅满足了产品的外形美观的要求，同时兼具了使用方便的机能，这个盒子涵盖了对于包装设计上所有的要素。

苹果公司的所有产品，都具有开封之后提取方便的特点。消费者从使用方便的角度出发进行包装设计，成功地获得了消费者"对产品和品牌的信任度的增加"。

包装最基本的职能是商品安全地送到消费者手中。iPod被一个透明夹固定在盒子里，即使盒子本身受到撞击也会最大限度地降低对商品的影响。产品说明书和商品同包装，尽可能缩小包装盒尺寸，降低运输过程中不必要的浪费。这是低成本运输的包装设计的典范之作。

这个包装要重点介绍的就是透明化设计，商品在里面像可以浮现出来一样。购买商品之后，凭借第一印象就可以吸引消费者，包装作为"和消费者相遇"的瞬间的见证者起了很重要的作用。

透明包装能准确地让消费者掌握商品的特点。包装箱外看到的iPod主屏幕画面，打开之后撕开商品包装膜，可以直接体验到商品。

优秀品牌的包装设计大多涵盖了包装设计的这四个主要功能。

市场上以苹果公司为代表的获得消费者欢迎的品牌，大多在产品包装设计上下足了功夫。接下来，以这方面的优秀企业为例，为大家介绍成功的包装设计的四元素。

❶ 提高商品和品牌的信任度

商品包装膜上加了易于撕掉包装膜的把手，这种小细节的设计，让消费者能很轻松地打开包装。让每一位消费者都可以轻松使用和拆开包装，微小的细节上传达包装设计的用心之处，从而提高产品和品牌的消费者信任度

❹ 明确展示商品的特征

使用透明的盒子包装，在拆开包装前就可以确认到商品的形状。同时，贴了操作页面的保护膜，更明确地展示了商品的属性

❸ 演绎一个美好的初见瞬间

苹果公司的这款设计，就好像一个商品浮在一个透明的盒子中，大大加大了消费者对商品的期待感

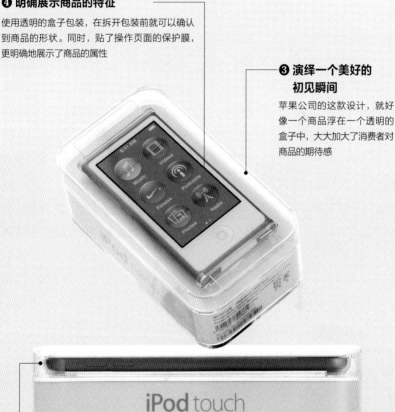

iPod touch

❷ 将商品安全送到消费者手中

为了保证运输过程中的安全性，充分考虑到商品在包装盒中的稳固性，同时缩小各个配件的尺寸，减少运输过程中不必要的成本负担

包装设计

札幌啤酒／惠比寿CREAMY TOP

倒入杯中的过程就可以体会涌起的泡沫带来的饮酒快乐

2012年8月，札幌啤酒公司限量生产的"惠比寿高沫黑啤"，酿造的是一款泡沫细腻的黑啤。

高沫黑啤原来是仅限于餐厅的业务用啤酒，一般的啤酒讲究一口喝下去的快感，黑啤酒是需要花些时间慢慢喝的。从啤酒罐倒入杯中的时候，泡沫细腻且持久不消。啤酒自身没有产生细泡沫的能力，这个现象来自注入啤酒时的技术。这种细腻的泡沫因在啤酒罐设计中的绝妙之处得以

实现。

罐口周边有很多坑坑洼洼的设计，同时罐口小于一般啤酒易拉罐。从罐的内部看，罐口的那些凸起设计，使得倾斜罐身注入啤酒时，啤酒和凸起的部分摩擦，在罐内部形成细微的对流，就形成了细腻的泡沫。

厂家为了开发此商品做了很多种试验罐，最后定在这款凹陷设计。一般的啤酒泡沫直径为0.5mm，专业酒师倒酒能做到0.12mm，使用这

不要对罐直接饮用，倒入玻璃杯中，才能看到这款啤酒的奇妙之处

右侧为惠比寿啤酒，为了饮用方便，
开口处横向较宽，也无凹陷设计

种高沫罐，普通消费者也可以做到 0.25mm 的泡沫。

高沫啤酒的制作"秘笈"

高沫啤酒有独特的制作方法。在包装的背面有魔法高沫啤酒的制作方法图解。"第一，不要直接饮用，注入大玻璃杯中。第二，不要倾斜玻璃杯。以瓶底为中心倒入……"，像这样详细分解高沫啤酒的制作过程，在公司内部曾经产生过争议。厂商如此详细地记载制作方法，是为了增加消费者对产品的兴趣和喝啤酒的乐趣。这款啤酒也是通过包装提升产品特点的一个市场推广的成功案例。

注入玻璃杯的时候，罐内部产生对流，在空中产生漩涡，落入杯中

包装设计

味滋康／金粒

在纳豆上添加调味料

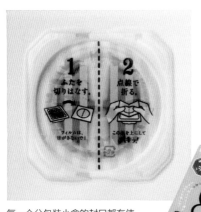

使用"一掰就开"包装的味滋康"金粒一掰就开3盒装"

每一个分包装小盒的封口都有使用方法的说明，即使拆开整包装也能掌握使用方法

　　2012年1月起，味滋康的金粒系列开始采用这种"一掰就开"包装，解决了旧包装的使用过程中的不方便，同时增加了使用的乐趣。

　　在开发一掰就开包装之初，没有纳豆小袋上的遮盖膜，在盒盖上标注"掰开盒盖""沿着点线掰开"这两个要点，就可以加上调味料了。在盒盖的中间槽里放入调味料，用图解使用方法的保护膜来密封。对折盒盖，就会有一个空，可以注入调味料。

反复进行生产线上的实验测试

　　在该公司的客户满意度调查中发现，客户对产品包装有很多不满。调味料的包装袋不好打开，拿出来的小遮盖膜不知道放哪儿合适，扔的时候麻烦。在垃圾处理严格的地方，外

● **实验开发的流程**

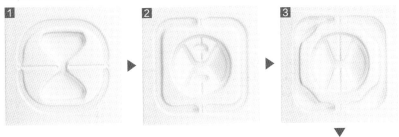

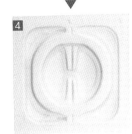

从开发初期的试做阶段到成品的测试模型来看，每幅图的标注都是注入调味料而没有加上密封膜的状态。图1是最早期的试做品。装调味料的槽比较浅，在流水线上调味料自己会出来，无法填充进去；图2是调味料槽变深，解决了调味料溢出的问题，但是又出现了新的问题，就是不好掰开；图3比较容易打开，但是出现了密封不好的新问题；图4是最终成功地保证了密封性和容易打开的两全的方案

包装和小袋以及遮盖膜都要区分开来去丢弃，有的地方还要洗干净了才能扔出去。

要保证易打开和生产效率高这两个条件，商家在开发该商品的时候先做了树脂模型，在实际生产线同样的条件下进行多次测试，最后制作了生产模型。

树脂模型做了50多种，在这中间挑选15种做成金属模型，一般纳豆产品的开发期为半年，而这种"一掰就开"包装的开发时间长达一年半。

在开发商品的过程中，最重视的是趣味性。在打开盒盖的时候发出的"啪"的声音是开发的关键。"仅仅为了实现这种机能是一件简单的事情，但是在打开的同时还能感受到打开产品的趣味性，而且多次使用也不会有厌烦感，以此来提高产品的魅力和附加价值是开发产品当时就设定的目标"。

这种包装上的变化得到了消费者的认可，此款产品的销量达到了原来销量的2倍之多。

包装设计

包装设计的重要作用 提高商品和品牌的信任度

龟甲万食品／打造永远新鲜的餐桌
以使用方便和独特的外形设计提升价值

Q 图示的商品比一般的酱油（200日元）
贵的话，您认为大概多少钱可以接受？

A
245.7 円
（价格寄与度＋22.9%）

龟甲万，打造最新鲜的餐桌原味
酱油

酱油的包装瓶中大多使用聚酯瓶。口袋型包装改变了市场的包装趋势，在瓶子封口处做了防止空气进入的阻逆包装，开盖后可以进行长时间保存是这款酱油包装袋的最大卖点。

在这类产品中最受欢迎的是，龟甲万公司开发的200mL餐桌系列产品。以白色为基本色调，和以往的酱油产品的包装设计风格截然不同，带给消费者耳目一新的感觉，尤其受到年轻消费者的欢迎。2011年8月开始销售，2011年度的总销售额超过了预期5亿日元的目标，获得了巨大的市场成功。

日经设计在对消费者进行价格

贵多少可以接受的调查中显示，贵45.7日元消费者可以接受。

消费者想摆在餐桌上的形状和颜色

在产品开发阶段，产品设计上主要考虑女性消费者的需求，市场效果非常明显，此款产品获得了女性消费者的好评。

随着食品结构的西洋化，酱油作为传统的日本家庭调料越来越离开人们的餐桌。"在家庭料理中逐渐加入了西洋料理的风格，酱油越来越少地出现在餐桌上，所以开始考虑以酱油容器作为突破口进行研究开发"，这是龟甲万公司开发此产品的目的。

开发的要点集中在使用的方便性、形状和色彩上。在以家庭主妇为中心的消费者调查中发现，消费者的需求集中在"倒了也不会洒""一下子倒太多太麻烦""来了客户放在餐桌上也不觉得不好意思"等对形状和色彩的需求上。

为了完成这些市场需求，龟甲万公司开发了双层阻逆结构的酱油包装。在倒出酱油的时候，倾斜酱油瓶，酱油从袋子里倒出，空气不会逆行进入瓶中，这样有效防止内装的酱

龟甲万公司作的市场调查

容量	容量过大（超过300mL）的话，什么时候用完不可预期
形状	家里有小朋友的时候容易碰倒，所以对瓶底的平稳性要求高。如果瓶子太高，瓶子的安定性差，也会占大的面积
瓶盖	单手也可以开盖，即使倒了也不会洒的产品更让人安心
功能	瓶口不会有倒出来后的残留液体，不会弄脏瓶口。一次性不会倒出来很多
设计	小瓶包装的可爱型，即使来了客人也可以拿到餐桌上的可爱设计

油氧化。空气只在外瓶和内袋之间，即使酱油瓶倾斜或倒下，只要不按压瓶嘴就不会洒落酱油，倒入的时候也实现了一滴一滴倒入的可能。

在设计上，有意弱化了产品和品牌，和其他调味料一起放在餐桌上也不会有任何不和谐的感觉。

对于厂家来说，常鲜酱油的包装比玻璃瓶包装的成本还高。但是，考虑到生产量提高之后，包装成本会相应地减少。从味道和包装两种形式来促进商品价值的提升，也是未来新市场开拓的趋势。

包装设计的重要作用 提高商品和品牌的信任度

key coffee / 天使的香气
封住梦幻香气的新罐型

　　key coffee 的天使香气的包装，把一直被称为只有咖啡制作工人才能闻到的"处女香"成功地封闭在咖啡罐中，让消费者也品尝到这种梦幻的香气。

　　在烘焙咖啡豆的过程中，一定会产生碳酸气体。这种碳酸气体在密封的罐中，会对罐体产生作用，导致罐体破裂。要等到气体消失后才能密封到咖啡罐中。等到气体消散的同时，被称为梦幻香气的"处女香"也流失了。

　　这也是使咖啡制作厂商烦恼了多年的问题。在这种情况下开发的特殊咖啡罐，用特质的铝盖做了膨起的设计，实现了在碳酸气和处女香流失前即密封到咖啡罐中。

　　用铝制品罐盖的想法很早就有人提出，但是实现起来却需要解决很多的问题。

　　在开发新罐装的时候遇到诸多问题，比如铝板的厚度问题，厚一点

左图为装咖啡之前，右图为装咖啡之后，把罐盖做成了大大的圆弧，抵抗咖啡产生的碳酸气体，同时也成功地封闭了咖啡中的处女香

KEY
COFFEE
天使のアロマ

的话安全系数高，但是相应的制作成本会增加，开盖的力度也会相应增加。考虑到强度和制作成本的因素，反复使用0.01mm的铝板进行试验，最后成功地做出了罐盖。

拧开盖的瞬间，能明显听到气体出来的声音，罐内的气体和梦幻的香气一起发散出来，让消费者得到了从未有过的喝罐装咖啡的体验。喝咖啡的乐趣已经扩展到开罐上。

罐盖 ——

旋转栓 ——

膨起的圆弧 ——

开盖的方法也特殊，瓶盖和膨起的圆弧之间放了一个开盖栓，转到开盖栓拧紧盖子，开盖栓的尖锐的部分将圆弧完整地切断、拧开

包装设计

札幌啤酒／手持不累箱
久持不累的纸箱

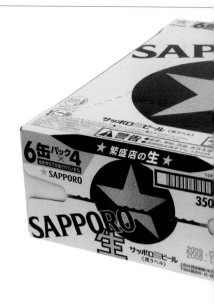

　　整箱购买罐装啤酒的消费者比较多，基于这种市场的需要，札幌啤酒 2008 年 5 月开发了 24 罐装的新型包装箱。

　　这种被称为"手持不累"的纸箱，在外包装设计上有两种技术革新。第一种箱子的底部棱角做成了斜面的设计（如下图），即使箱子比较重手也容易放进去，同时手持的时候不会因为尖锐的棱角而使手受到伤害。

箱子外缘做成斜面，端起的时候手比较容易放进去，可以抬动沉重的箱子

手持的时候手腕不至于酸痛

第二个重要改进是箱封口的设计，原来都是直线型的设计，打开的时候需要很大的力气，如果力气不均匀也可能手滑而受伤。新箱口做成了半圆和直线的组合设计，手指的疼痛会减轻。开盖时手握的部分比较稳定，减少意外的发生。

开口处的w形折线设计，打开盒子的时候可以手握这个部分。这个w形的折线左右不对称，在力量不均匀的情况下，力量大的一面的盒盖先开。

不是两面同时开，而是先打开其中一面，这样就比原来的开盖方式节省了力量。札幌啤酒公司自称，这样开盖节省了原来的30%的力量。

把边缘设计成斜面后的纸箱所需原材料也相应得到节省，一个箱子可以减少1.9%。与2006年相比减少了200t的纸盒箱原材料。

改变外包装形状，就会相应地改变生产线等带来的额外投资。札幌啤酒为了避免这种过度投资，在生产线可调整的范围内做了外包装的设计改变，大大地方便了消费者的使用，节约了环境资源，同时也降低了纸箱制作成本。

开口处的半圆和直线的组合设计，减少了手指的疼痛，可以更安全地打开包装箱

沿着w折线打开，单手就可以完成开箱，提高了开箱的便利性

包装设计的重要作用 商品的安全配送

丸高／带把手的米袋
带把手的米袋，好拿好放

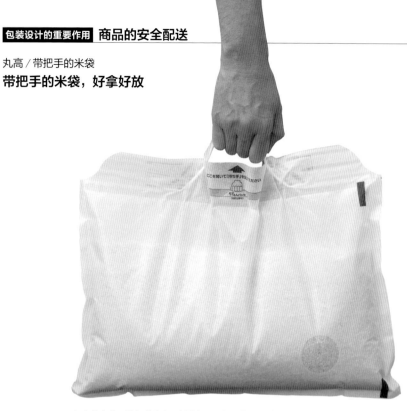

丸高的米袋，外包装上有手持的把手，便于搬运和陈列

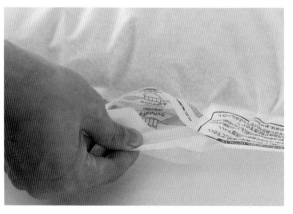

把手和米袋的边缘合为一体，不额外占用空间

双手抱着重重的米袋购物一直是消费者的烦恼，尤其是单手还要拿一个装满东西的购物筐时更是难上加难。

为了解决米袋的这个问题，大米销售厂家丸高开发了这种可以手持的米袋（手持米袋），让消费者单手即可搬运米袋，空出另一只手拿其他物品。

这个小把手设计上的奇妙之处在于不采用手持的时候，手持部分和米袋的边缘合为一体，所以放在超市里不管是堆放还是挂放都不会多占用空间，商家称在开发这款产品包装时，充分考虑了大米的重量，强度和韧度都经得起考验。

这款包装设计也实现了节约能源的目的。旧式的米袋设计，都要用超市的大购物袋装好拿回家，有的时候还需要两层购物袋才可以承担大米的重量。而采用这种设计后，不再使用超市购物袋，现在已经开始有超市采用购物袋收费的方法，这样的设计也节约了消费者的费用。

米袋的把手可以挂在货架的挂钩上，进行垂挂式陈列。与以往相比，不用弯腰拿起米袋，直接可以从

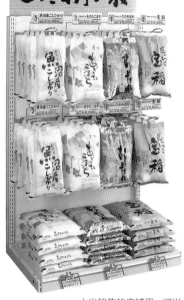

大米销售的店铺里，可以直接将米袋挂在货架上，方便取放

陈列架上取下来，就是这样一种袋子的革新，在很大程度上改变了大米袋子沉重不好取放的历史。

包装设计的重要作用 商品的安全配送

皇冠包装 / Baritt-box
方便取出商品，增加了商品的销售量

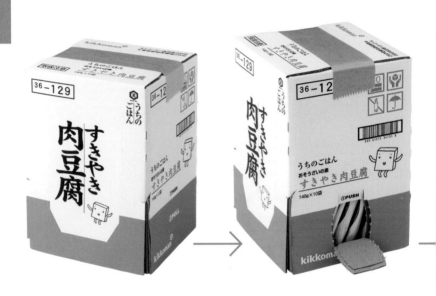

　　改善了运输过程中使用的纸箱，从而促进了商品销售，从部分采用了"易摘盖"纸盒箱的超市中已得到了证明。

　　一般超市中使用的包装是大的纸盒箱里放着小的包装，因为这些箱子还要在店面陈列，所以开口也不能弄得太难看。而新开发的这款"易摘盖"纸盒箱在箱子的底部两端做了两个把手，大箱和小箱都可以一个动作打开。开封后小箱子就可以放在店里用于陈列商品，小箱子上可以印刷图案，起到宣传商品的作用。

　　在大型超市，上货这一项就要使用很多人力，在外资的大型超市，比如美国的沃尔玛、法国的家乐福都很早就采用了这种包装方式。大大降低了店铺的运营成本。

在超市上货的即使是女性员工，也不用费力气就可以开箱上货，大大提高了生产力。

"易摘盖"纸盒箱

是日本国内生产的新型纸箱。箱子底部的两个把手把大小箱连在一起，把把手拿出来后，链接的部分被打开，上面的箱盖很轻易就可以取掉

[基础篇]

索尼 / S-Frame数码相框

市场占有率扩大8倍的"礼品家电"

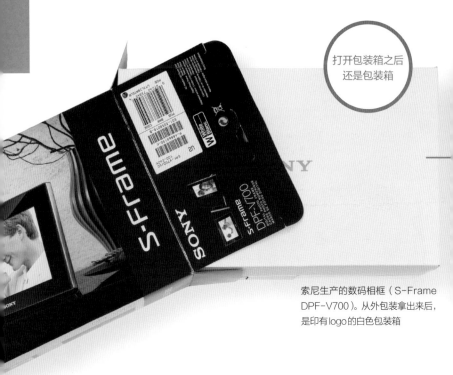

打开包装箱之后
还是包装箱

索尼生产的数码相框（S-Frame
DPF-V700）。从外包装拿出来后，
是印有logo的白色包装箱

　　用于保存和播放照片的数码相框，2007年的销售数量为3万台，2008年增加了8倍达到了23万台。

　　促进这种增长的是2008年当时市场占用率为35%的索尼公司。索尼公司在同年4月开发了"S-Frame"系列产品，开始正式进入数码相框市场。新产品的显示功能增强，同时接口可以对应市面所有的存储卡，增加了使用的便利性。同时，内置可以运行大像素图片的处理器，增加了美肤功能的软件，提高了图片的效果。

折箱后还可再次包装

　　但是，真正畅销的原因不仅仅是产品性能的提升。S-Frame打开的

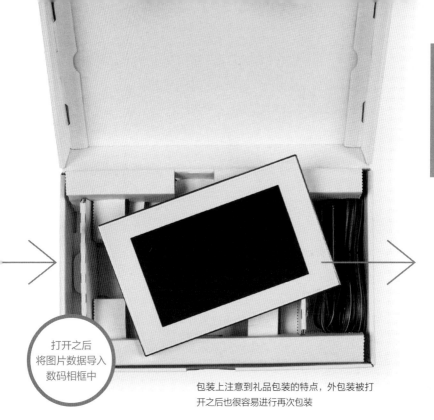

打开之后
将图片数据导入
数码相框中

包装上注意到礼品包装的特点，外包装被打
开之后也很容易进行再次包装

市场，是打开和创造了与以前的家电完全不同的市场需求，那就是礼品需求的角度。

可以把孩子的照片导入送给祖父母，也可以将婚礼上的照片导入送给亲朋好友。除此之外，还可以把同事们的照片放在相册里送给离职的同事。索尼的这款商品，因看到了人际交往的需求开发而成。与现在市场上销售的数码产品不同，兼具个人娱乐和人际交往的多重功能。

索尼在开发这款产品的时候，重视外包装研发。首先，追求的是和买的时候同样的高品质的包装；其次，打开一次包装箱后再次包装的方便性。

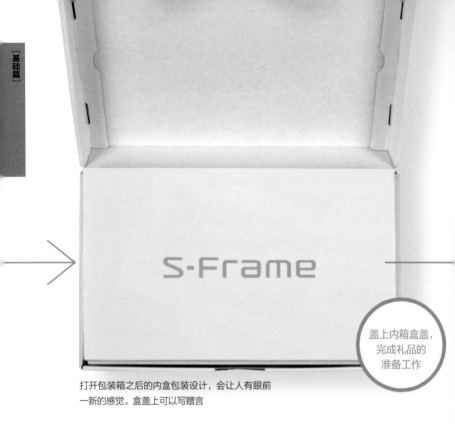

S-Frame

盖上内箱盒盖，
完成礼品的
准备工作

打开包装箱之后的内盒包装设计，会让人有眼前
一新的感觉。盒盖上可以写赠言

家电商店以外也可以销售

设计的结果是44～47页为您展示的整个包装过程。外包装箱打开之后，里面是白色的内包装，为了起到保护商品和降低包装成本的作用，里面的包装是用纸盒纸制成。内盒子的中间雕有产品的logo，突显产品的质量。"商品包装的主要目的是为了保护产品不受损坏，但是在这款商品上外包装也是产品的重要竞争力之一"，设计相关人员称这是参考了鞋盒设计而成的。与同公司生产的"cyber shot"相比，外包装和产品原价比有所增加。为了弥补这部分的成本上升，降低不重要的部分包装的印刷成本，与纸箱厂家签了多卖降价的合同，才促成了商品成功推向市场的过程。

根据索尼公司的调查，消费者

系有丝带的外包装，直接可以作为礼物赠送给亲朋

购买此款商品的"3% ～ 5%"都是作为礼物使用。年末在赠送礼物比较多的时期，索尼进一步加大作为礼品的销售模式，推出蓝色包装袋活动，从而促进了产品的销售。

包装和展示方法，包装方式的不同改变了市场的需求。不论消费者在寻求什么样的产品出现，以最贴心的服务精神，认真洞察消费者的需求一定会开发出让消费者满意的产品。

年底礼品赠送多的时期，准备了蓝色无纺布包装袋，增加了产品的魅力

活动期制作的特殊包装袋

dun a dix / Mignon Et Enchainement
服装店里却备有1200种包装盒

　　"Mignon Et Enchainement"是一家主营女装的精品店。一进店内，最先引起你注意的是色彩斑斓的各种礼品包装盒。再往里走，映入眼帘的是放置各色丝带的柜台。

　　"我们店内最好的位置放的是包装盒，这在同行来看是难以置信的"。店里的dun a dix社长吉永政利笑着介绍。

我们销售的是服务而非产品

　　在LUMINE百货有乐町店的所有服装店中，Mignon Et Enchainement的销售额名列前茅。该店备有15种包装盒和80种丝带组合的1200种包装，再加上8种内包装的包装纸，组合了色彩斑斓的包装。在店内，消费者不仅体验了挑选衣服的乐趣，同时也体验选择包装带来的双重乐趣，再将自己的心意和喜好送给重要的人，这种多重的购物体验乐趣吸引了众多消费者。这样想来，在橱窗里不仅展示产品也展示礼品盒和丝带也是商家最智慧的推销策略了。

　　Mignon Et Enchainement重视的是"销售服务而非产品"。在开LUMINE店时，该公司本着"礼品服装首选店"的理念，开创了经营商的新概念。

　　为了推行这个新概念店铺，吉永社长亲自指导开发礼品盒和丝带种类，他说："当今的日本流行速食式时尚，很容易买到和他人同样的衣服，稍不注意就会因速度和数量而失败。我们这种小企业想在这种时尚理念下取胜，只能做同行企业不做的事情和细微的服务，否则就无法生存"。

　　dun a dix有10家不同品牌的店铺，而在构思LUMINE的Mignon Et Enchainement店铺的礼品服装的概念时，首先遇到的问题就是礼品盒等的制作成本高。可是在欧洲，服装店不提供包装，另行购买礼品盒和丝带是理所当然的事。通过现场消费者自由组合礼品盒和丝带的乐趣，以及逐步提高销售员的待客技巧和对色彩的良

在店内最醒目的位置，
放着用于供客户选择
丝带和包装盒的专柜

包装设计

丝带一共是10种颜色。每种颜色里有8种不同尺寸和文字内容。丝带上用法语写着各种表达感谢和祝福的词语

好感觉，会得到消费者的认可。吉永社长决定推陈出新，引进欧式风格。

包装盒的基本设计理念由时装店铺设计师和擅长购买的设计师合作而成。出售Zakka和流行先端的引领者们比自己更熟悉包装盒制作的运作模式。

"我在推进包装盒开发时最重视的就是华丽度与色彩的组合。在这个过程中不断和开发的同事进行头脑风暴"，吉永社长这样描述开发过程。当然，也有自己觉得挺好的设计，但被女同事否定。价格上来讲，该店的最小的礼品包装也要525日元，是属于价位稍高的定位。即使这样，市场的表现仍然不错，吉永社长表示，今后考虑增加包装盒的材料和颜色等，进一步增加可以选择的种类。

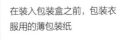

在装入包装盒之前，包装衣服用的薄包装纸

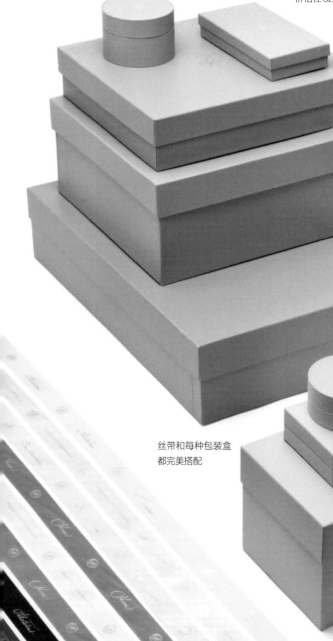

包装盒的基本色调是灰色和绿色两种。尺寸有6种，大型包装盒另外还有3种不同色系，价格在525~2730日元之间

丝带和每种包装盒都完美搭配

包装设计

包装设计的重要作用 让人感动的相遇

Ritatino / 冰淇淋专卖店

力排众议诞生的人气包装

冰淇淋专卖店 Ritatino 是以女性消费者为主的人气冰淇淋店，最近成为时尚的话题名店。

该店销售的商品是由神户人气西点店 "REVEDECHEF" 的经营者兼主厨佐野靖夫精心选材而成的冰淇淋。独特的包装设计，也是该产品受到欢迎的主要原因之一。

例如，外带新鲜杯装冰淇淋，包装盒上印有白色、紫色、粉色和黄色四种颜色的商标。在一般的冰淇淋店，如果购买四个草莓口味的冰淇淋，会全部使用粉色杯子，而在这里就可以自由选择。

既有粉色包装里的草莓口味，也有紫色包装的草莓口味，顾客可以尽可能地感受多种颜色的包装。

这款产品"最初提出这种构思时，店里的营业员和制作人员都强烈反对"。因为在店中，如果不根据口味区分包装颜色的话会难以辨认，可能导致工作效率下降。但负责包装开发的团队坚持认为"（这样做可以让顾客）选择自己喜欢的颜色，在打开盒子时充满期待感"。果不其然，可以选择包装盒颜色的乐趣得到了顾客的好评。

优先考虑女性消费者的感受

公司还有一款在中村部长提出时同样被认为"完全不知道好在哪里"的方案，那就是打包带走时使用的冷藏包。该产品以白色为基调，具有漆皮一样的材料感，乍看上去宛若真的皮包。推向市场之后，获得好评，成为公司的畅销包装之一。

中村部长策划该商品时的出发点是，"如果是自己的话一定不想使用银色的传统冷藏包"。公司内的男性员工对此反应冷淡，认为"用这样的包能改变什么？"但是这个想法得到了女员工的支持，因此松本社长采用了中村部长的策划方案。

白色冷藏包一经推出便获得了好评，尤其是作为装饰品配备了用店铺的标志性颜色粉色和紫色制作的橡皮筋头饰后，销售额得到进一步增长。现在已经成了热销商品，甚至出现有人因为想买一个冰淇淋"送人"而买了六个冷藏包的情况。"附带橡皮筋头饰的想法源于曾经从事饰品业务的经验。提出这个方案时也遭到了

男员工的反对，他们觉得'这样做哪里可爱了？'。但对女性来说就大不一样了"，中村部长表示，今后还考虑在冬季的时候换成毛线和棉布质地的发圈等，以突出季节感。

冷藏包。"为了让消费者可以重复利用，特意没有加上公司的logo。"用于装饰的皮筋，除了作为头饰以外，也可以作为捆绑手帐的橡皮筋

新鲜杯装冰淇淋的包装上，特别选用了色彩鲜明的黄色盒盖，和杯身的色彩组合后显得更加亮丽夺目

6个装和12个装的箱子，和冰淇淋的小包装色系一致，保持了视觉的统一感

Cowkey's国际／蛋糕和曲奇

不自觉就想购买套餐的新颖设计

2011年12月，Cowkey's国际公司推出的曲奇蛋糕。主要在百货店和车站、机场销售，最初预定的销售目标为一个月5000个。结果在最初的一周就销售了5000个，大大超出了预期的销售量，工厂不得不加班生产以满足市场需要。

奶油蛋糕曲奇的最大特点就是包装，标志性的包装和良好的销售趋势关系密切。模仿奶油蛋糕模样做的立体包装盒，赋予了产品特殊的魅力。

提高品牌知名度

独特的奶油蛋糕模型的包装盒提高了品牌的知名度。

奶油蛋糕模型的包装盒，也促进了套餐产品的购买。一个盒子可以放入7个蛋糕，一天大概有10个客人购买。比如买5个的客人，为了要这个盒子，就可能会说，反正就增加2个，买7个装吧。负责包装盒设计的小林仁志这样分析客户的购买心理。

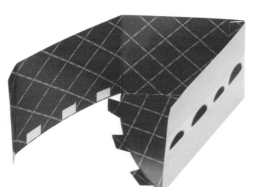

包装盒制作上为了降低成本，没有采用粘合式包装，而是使用组合式包装盒，还可以作为收纳小杂物的收纳箱进行二次使用。箱底的图案印制精美

采用压花和切面技术，做出生奶油和草莓造型，追求逼真的奶油蛋糕形状包装盒"奶油草莓蛋糕曲奇"（一盒3块，480日元）

现在在开发7个装的包装盒。

奶油蛋糕曲奇是为了满足圣诞节市场的需要，在圣诞节前投入市场的新产品。借用曲奇的形状，在圣诞节或是生日的时候作为礼物使用，满足了新的市场需求。

该公司的佐藤公纪在考虑包装盒制作成本和设计的时候，经常自问自答的是"消费者是否会喜欢？"基于这种原则，在控制好成本的基础上，强调压花和印刷技术的精美。

崭新的设计风格打动了消费者，改变了消费者的商品购买心理和使用方法，是包装设计上最好的成功案例之一。

Kracie制药 / 汉方Therapy
努力耕耘，收获成功

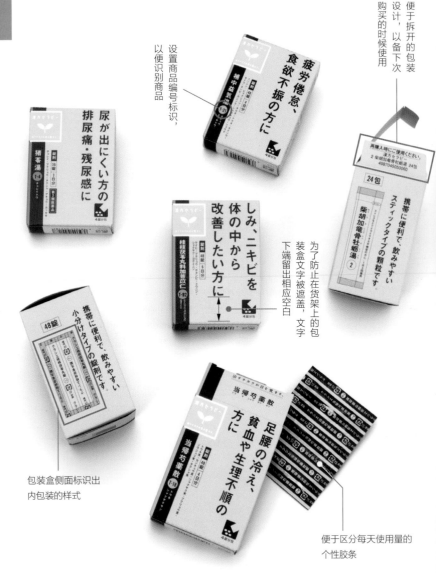

设置商品编号标识，
以便识别商品

疲劳倦怠、食欲不振的方

便于拆开的包装
设计，以备下次
购买的时候使用

携带に便利で、飲みやすい
スティックタイプの顆粒です。

为了防止在货架上的包
装盒文字被遮盖，文字
下端留出相应空白

包装盒侧面标识出
内包装的样式

便于区分每天使用量的
个性胶条

根据Kracie公司的调查，该公司的汉方药的消费者多为家庭年收入超过1500万日元的高收入阶层。汉方药很难和经常出入高级品牌服装店或是名车4S店的高端客户联系起来。但是"习惯各种高品质服务的高收入人群，也有轻松地去药妆店选择药的需求"（Kracie社）。

传统的销售模式是通过店员和消费者面对面咨询交流的方式购买。但是现在的客户大多喜欢在购物的时候不被别人打扰，从包装上解读商品特点，自己慢慢地比较和研究各种产品的区别，选择适合自己的产品购买，这种需求在消费者中逐渐增加。不仅仅药品销售是这样，化妆品和服装的销售上也逐渐呈现这种趋势。

怎么来应对消费者的需求变化呢？Kracie制药/汉方Therapy做的方案是，通过包装的革新以及广告宣传的双重效果，在不让消费者感受到压力的前提下，对包装盒的设计附加了多种导购式服务，让客户很轻松地就可以了解药品特点，找到自己需要的药品。在包装上提供了充足的药品信息，这样客户可以很容易了解药品属性，以便第二次或多次购买。如左图

例中展示的，商品包装上以彻底展示商品特征为原则的包装设计，使这款药的包装具有高度的导购机能。

也对药店的货架进行专门设计

传统的药品包装只标有简单的产品信息，汉方药药名对一般消费者来说却晦涩难懂。比如"桂枝茯苓丸"，但从字面意思上无法知道这是治疗哪方面疾病的药物。为了解决这个问题，Kracie制药/汉方Therapy在包装盒上用大字号醒目地提示本药用于治疗"易于潮热和手脚冰凉"的人群，很明确地提示了药物的针对性症状，便于消费者购买。

设计风格上也考虑到女性消费者的需求，采用时尚、温和的设计风格。棕垫质感的简易木盒上加了烫银的logo设计，第一次看到的消费者也会没有任何理由拒绝购买。

考虑到消费者购买药品后可能会随手扔了包装，在包装上特别加了一条可以便于保存的商品编号的设计。在扔外包装的时候，可以撕下来这小字条作为下次购买的记录，方便又贴心的设计也促进了消费者多次购买。

这款药品包装的设计上还考虑

包装设计

到商品陈列时的状态，在众多药品中，怎样才能第一眼被搜索出来。在设计的时候，在包装盒的正面用大字标注了此款药品的效用。感冒、高血压、寒症等大分类用颜色来区分，在这个基础上进行小的分类设计。这种用心的包装设计大大提高了消费者搜索药品的准确度，节省了时间。

Kracie制药公司还自行设计了药妆店店面的摆放方法。就是根据货架面积和商品数量以及地点而编撰的药妆店商品陈列秘笈，通过这种陈列方式的改革，不仅仅是Kracie制药公司自己的产品，其他公司的产品销售量也得到了提升。

例如，使用店铺一整面墙的货架，首先考虑放置主要战略产品的高度和位置，旁边放一些容易一起购买的营养品。战略产品也会随着季节的变化，定期给店铺不同的摆放意见。

Kracie公司的店铺方案，一方面提高了店铺销售人员的工作效率，同时在包装设计上也充分考虑到消费者的消费习惯，这样的产品的热卖可想而知。销售人员不是本公司职员的情况下，只有不断地提高商品的魅力才能创造好的销售业绩。汉方

Therapy自2006年10月开始第一次销售，2007年度销售额是2006年三个月的6倍，到了2008年仍然保持上升的销售趋势，比2007年增长了14%。

汉方药专卖，设置自己公司品牌的系列产品专柜。并给店方提供适合消费者购买的产品陈列方案

150cm ▶

促销台
130cm ▶ 最醒目的货架放当季药品

常用药品货架
用于放置比如常见病的鼻炎和胃肠感冒用的药品
90cm ▶

90～150cm为主要药品的陈列高度。特别是130cm处的产品为最主要的商品

女性消费者专栏
主要放置针对寒症或是更年期综合征，以及皮肤疾患等面向女性消费者的药品。

老人消费者专栏
易疲劳及高血压等面向高龄患者的常用药品货架

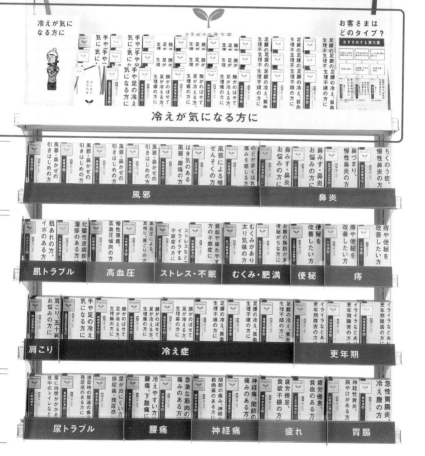

治すチカラが目を覚ます。

漢方セラピー

文鸟 / babycolor

使用透明包装后，销售额达到1000万个

文鸟公司开发的babycolor是专门针对2~3岁幼儿的无毒蜡笔。这款蜡笔是通过观察幼儿使用蜡笔的样子研制而成。形状上看，即使幼儿的小手也可以抓得住，放在嘴里也没有有害物质，还可以像体会积木一样摞起来的乐趣。滑落到地上，也不容易

（左）Privee AG公司作为销售商在推出的babycolor12色蜡笔，2007年的包装盒新装上市。透明的包装盒里放着具有独特形状的蜡笔，被称为当年的人气产品。这款包装盒的设计者为浅野设计研究院
（右）这是参考国外的儿童玩具设计而成的最初的产品包装盒

折断，不小心放到嘴里也不会噎住喉咙，这是一款充分考虑到儿童使用上可能发生的问题的完美产品。

babycolor蜡笔既是文具也是玩具。可以放在地上滚来滚去，还可以插到手指上玩耍。传统的蜡笔是在蜡笔的外面包了一层纸，防止颜色弄脏手，但是这款蜡笔进行了革新，不需要包纸也不会弄脏手。

但是这款蜡笔，在1983年热卖之后的20年时间里，就一直是滞销产品。

到了2007年得到了转机，契机就是包装盒的革新。2007年到2011年这四年的时间，销售额达到1000万个。自此，透明包装成了babycolor的显著特征，圆圆的样子让人看了一眼之后就难以忘记。

babycolor蜡笔2011年获得"第五届儿童设计奖"的"最安全文具奖"，也说明了对于幼儿来说是最合适的一款文具。

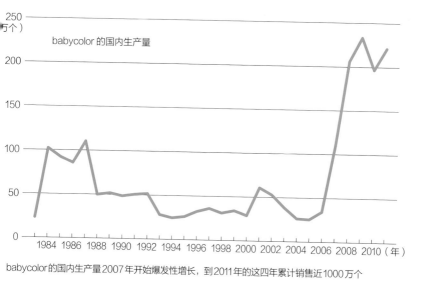

babycolor的国内生产量2007年开始爆发性增长，到2011年的这四年累计销售近1000万个

包装设计

Williams、Marray、Ham
努力提炼明确信息，准确传递给客户

RECIPEASE

英国美食研究家，Jemmy Oliver
经营的料理教室同时负责食品店和
杂货店的品牌企划，提供制作食物
样品以及包装的开发业务

Williams、Marray、Ham
由Richard Williams、Richard
Marray和Garrick Ham三人在
1997年成立的品牌咨询企业。创
立者中的Ham是英国设计大奖
AD&D的总策划，其是英国著名
的品牌设计服务企业

英国美食研究家，Jemmy Oliver
创办的"Recipease"是一家经营食品
和厨房用具的企业。Ham负责这家店
铺的设计开发

　　这家店铺的特点是每天有专业厨师在店，作为美食教室每天聚集了很多美食爱好者。设定的卖点就是"无论谁来到这里，都很容易学会做出可口的饭菜来"。为了表现这种轻松的氛围，制作了小的美食模型，同时制作了通俗易懂好操作的图解。

　　传递给客户的信息集中到一点，就是"谁都可以轻松学会，并可以大胆参与"（理查德·威廉说）。

Superdrug

这是英国药妆店Superdrug公司的自主品牌的包装。在包装上，明确体现了商品的最显著的特征。隐形眼镜的营养液在包装上采用了视力表的模式，很容易联想到眼睛及眼睛保护的效果。同时，在妊娠测试纸的外包装上，"p"的英文改成了"？"，这些精巧的设计，很巧妙地突出了产品的特点和效用

HOVIS

这是英国面包厂商的产品包装设计。这款面包上面多点缀英国传统豆类，所以在外包装上，整面都是豆的设计，让人无法抵制住美味的诱惑的设计，让人耳目一新

Jaffa Cakes

英国佳发饼干的外包装上的文字是"谁也不给"。这是消费者在吃了之后，的确就连家里人也不想分给他们一口的心理写照，更增加了产品的冲击力

关注细节的创意

英国皇家食品公司 Hovis 的产品包装设计上，不仅使用英国国民早饭餐桌上常见的煮豆，也有三明治里夹着黄瓜和蛋糕的图案，突出了英国食品的特色。

这种设计主要突出面包和日常生活中的各种食品都密不可分的主题，从包装上展示面包和其他食物一起组合起来的色香味俱全的样子，让人垂涎欲滴，欲罢不能。更新包装之后，产品的销售额增长了 24%。

英国知名饼干厂家 Jaffa Cakes 也在包装上下足了功夫，WMH 就是其中的一个成功案例。Jaffa Cakes 的市场推广团队期待销量增长 10%，增长的部分不是让更多的人购买，"而是让最忠实的粉丝多买一箱备用"。

基于这种理念酝酿出了 WMH，引起粉丝共鸣的词语写在包装盒上。"一盒够吗？""还要送给谁呢？""这一箱必须都属于自己"等让消费者再次确认的语言引起消费者的购物愿望，销售量增长了 15%。

这种以充满创意的包装开发引领了商品销售的模式，以及后期大胆推向市场的勇气。当然，要实现真正的增长，还要做好"最后 5% 的方案落实要彻底扎实"。

英国连锁店 Superdrug 的专供的隐形眼镜清洗液的外包装，是由 WMH 设计的以测视力表为主要元素的包装设计。但是在设计最后阶段的时候，客户希望文字颜色是蓝色的，这个和客户作了彻底的争论，并获得了客户的理解。如果文字改成蓝色，视力表的概念就会被弱化，"即使选择了明快的颜色，如果忽略了细节上的内容，最后也会造成传达不清楚的问题"。

Yoshimi / 札幌脆煎饼

"物美价廉"的包装设计突显产品个性

"嗨!烤玉米饼"（630日元）这款产品和脆煎饼同样，采用了复古风的外包装设计，在烤玉米片的前面加了一个单词"嗨"，又多了一份亲切感

最近几年，在北海道特产中"札幌脆煎饼"一枝独秀，从2009年开始作为新商品销售以来，一直在新千岁机场和北海道内的特产店中，销售势头良好，获得消费者好评。

Yoshimi公司是销售脆煎饼的企业，该公司开发的烤玉米片2011年开始也获得了消费者的追捧，去年一年脆煎饼和烤玉米年糕片的销售额合计达到15亿日元，已经成为该公司的明星产品。

包装设计风格不同，所以获得了好评

在北海道的特产中一直有咖喱煎饼，但是还没看到像脆煎饼这样热销的产品。Yoshimi公司的产品包装上可供参考之处很多。不在电视广告和各种杂志等媒体进行宣传的产品，口碑非常重要。但是，不管对自己的产品有多么自信，如果不能送达到消费者的手中，口碑也不会建立起来。脆煎饼的包装在设计当初，希望在众

"札幌脆煎饼"（630日元）。复古的包装设计，容易使人产生亲近感，价格亲民

多货架上的特产中能引起消费者伸手去拿起来的愿望，最终经过设计上的更新实现了这个想法，产品的销售也获得了成功。

在考虑包装设计时首先要考虑的要素是价格，这款脆煎饼的价格为630日元，是特产中价格比较亲民的产品。同时，在包装上采用了能体现亲民特点的风格，怀旧、朴实，更增加了信任度。

"还有脆脆吗"这句将自己的感受直接作为推广词的用法，和亲民的包装与价格合为一体，更强化了产品亲民的特点。该公司的胜山代表说，如果这个商品的价格是1500日元的话，这种包装和推广词都不匹配了。

胜山代表谈到包装设计时说，在进行外包装设计的时候，是设计师进行了多次推敲、修改，最初的底稿是自己画出来的样稿，然后请设计师进行了20余次的修改，最终达成了让消费者理解的设计。为了让消费者没有任何犹豫地在众多的点心特产中拿起这个产品，就大胆地削减了设计中复杂的元素，简洁明了，直抒胸臆。

设计革新促进了商品上市后的热卖，产品本身的味道通过口口相传建立了好的口碑，一个热销产品就这样诞生了。Yoshimi公司的商业模式中，说外包装设计是他们的产品的起点也不为过。

第 2 章

理论

篇

300名设计师谈设计

· 如何使用色彩

· 如何使用插图

· 如何使用文字

▶ 调查说明:

在本书中登载的调查资料,均为2003年6月开始到2012年12月为止,日经设计编辑部作的调查。调查是通过网络答卷的方式来进行的。有效回答数为男155名,女155名,合计310名。20、30、40、50、60岁各年龄层选择了30人为代表接受调查,调查结果上附有该调查实施的时期。本书中使用的照片是调查时使用的同样的图片,里面有已经停止销售或者更名销售的商品。

调查协助单位: macromill

创新调查(第95、98、106、107页的调查) ▦ CREATIVE SURVEY

清新也可以浓厚，辅助达人

[理论篇]

① 看起来好吃的是蓝色，印象深刻的是红色

释放出了冰凉的牛奶的信息，有想喝的欲望（37岁，公司职员）

给人印象不是太深刻，但是会有一种清洁感（40岁，家庭主妇）

红色给人热情的感觉（37岁，个体）

给人的感觉是营养特别丰富（33岁，家庭主妇）

A
明治乳业
明治好喝牛奶

B
日本 Nippon Milk
Community 的 Megmilk

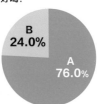

A和B的包装哪个看起来好喝？

B 24.0%
A 76.0%

A和B的包装哪个让人印象深刻？

A 23.0%
B 77.0%

2003年6月上旬

③

A
日本可口可乐红茶，
花传宫廷奶茶

B
麒麟饮料午后红茶，
茶叶增倍的奶茶

C
朝日饮料
黄金奶茶

D
三得利食品
国际立顿奢侈奶茶

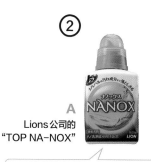

②

A
Lions公司的
"TOP NA–NOX"

B
花王
Attack Neo

洗净效果看起来更好的蓝色

在以下A和B的选项中更符合产品特点的是哪个?

(%)

	A	B
洗净力强	A 55.8	B 44.2
去味力强	69.0	31.0
香味好	64.8	35.2
洗后穿着感舒适	63.2	36.8
看起来高级	81.9	18.1

2011年3月上旬

在以下A到D的选项中更符合产品特点的是哪个?

蓝色的量及浓度不同直接关系到产品的高级感以及味道的浓度 (%)

	A	B	C	D
喝的时候会感到浓浓的奶油的味道	25.2	11.6	9.7	53.5
红茶的苦味重	14.8	27.1	17.7	40.4
红茶的香味浓	18.1	31.6	6.1	44.2
担心使用的配料	14.2	23.9	9.0	52.9
看起来高级	9.4	28.7	2.9	59.0

2010年11月上旬

包装设计

商品包装给人的第一印象一定是颜色。在众多罗列的商品中，首先映入眼帘的是颜色，所以要制作有竞争力的产品，首先要懂得色彩运用技巧。从这章开始，为日经设计公司在过去10年中在关于颜色的调查数据基础上进行色彩运用技巧的说明。消费者会对什么样的颜色有反应，为了了解消费者的心理，更好地进行包装设计，首先我们来了解一下蓝色。

什么颜色使牛奶看起来好喝？

蓝色一直被认为是会使食欲减退的色彩，所以很少使用在食品行业中。但是现在看这种观念已经过时。现在蓝色已经是食品包装中不可或缺的色彩。特别更多地出现在乳制品包装中，蓝色的使用更好地凸显了牛奶的白色和纯度，提高了产品的品质。

以前两页的蓝色和红色牛奶包装盒为例。看过两款产品的照片之后，哪个印象更好？哪个看起来更好喝？不同的问题，答案却不同。

调查结果显示，让人印象深刻的是红色的B包装，但是76%的人认为蓝色的A包装看起来更好喝。更多的人看到A包装的感觉是"干净""很清爽，一定更好喝"，因为使用蓝色的包装，突出了白色牛奶的清爽的特点，突出了产品的质量。

蓝白搭配更显产品清爽的感觉，不仅仅使用在食品行业，洗涤用品等日用品行业的包装中也更多地使用了蓝白搭配的设计。从2的柱状图可见，第一眼看到蓝色和绿色的包装的洗涤用品的感受。

使用蓝色色调的A款设计，突出了产品的洗净力和高级感，让消费者不知不觉想拿到手中仔细看看。这个就和牛奶包装同样，蓝色衬托了白色的清洁感。作为洗涤用品的包装设计，最基本的是要增强洗净力强的特点。

蓝色的深邃体现出商品味道的浓厚

蓝色不仅仅是清爽的代表，根据蓝色的颜色的深浅可以体现出完全不同的效果。这个可以用例3的奶茶作实例。

四种包装都采用了蓝、白、金色元素进行设计，但是每一款的特点却大相径庭。A款给人陶瓷器具的质感，白色是基本色调。B款散发着强烈的光泽感和透明感，蓝色为基本色调。C款的金色更夺目。D款的设计上加浓了蓝色的色彩，比前三种更加强调了蓝色的比重。

在这四种包装中，对产品味道有直接关联的是D款。被调查者通过对这种蓝色和白色的使用能感受到"浓浓的奶油风味"。

D款的包装也同时突出了红茶香味的浓厚，更显产品高级的特点。使用浓厚的蓝色可以直接和消费者对产品味道的评价链接起来，从"清爽"到"浓厚"，在包装设计上，蓝色的使用空间非常大。

男性消费者更偏好火热的红色。

① 从A到E，更喜欢的颜色是哪个？

a 红	B 粉	C 黄	D 绿	E 蓝

喜欢红色的是追求健康一族

（%）

		A	B	C	D	E
男性	20~29岁	24.7	15.1	17.2	17.2	**25.8**
	30~39岁	20.4	14.0	22.6	15.1	**27.9**
	40~49岁	**30.1**	11.8	14.0	19.4	24.7
	50~59岁	17.2	7.5	22.6	21.5	**31.2**
	60岁及以上	**28.0**	9.7	12.9	24.7	24.7
女性	20~29岁	15.1	**36.5**	18.3	8.6	21.5
	30~39岁	21.5	**40.8**	14.0	10.8	12.9
	40~49岁	12.9	**35.4**	15.1	18.3	18.3
	50~59岁	17.2	**34.4**	20.4	12.9	15.1
	60岁及以上	9.7	**34.3**	19.4	14.0	22.6

年龄在40岁左右的人开始承担更多的社会责任，和开始迎接第二人生的60岁的人一样，生活中需要更多的热情和健康的体魄，所以他们更偏好红色

粉色在女性消费者中绝对人气最高

蓝色是大多数男性消费者喜爱的颜色

2012年3月上旬、8月上旬、9月下旬

A
森永制果
（Weider in Energy
的果冻饮料）

B
明治
（Perfect Plus
营养平衡果冻饮料）

C
大家制药
（Calorie Mate
能量补充饼干）

D
日本可口可乐
（Minute Maid
营养香蕉饮料）

希望迅速恢复体力的人更喜欢红色包装的B

在以下A到D的选项中更符合产品
特点的是哪个？

（%）

喝了之后
人会有精神　　A19.7　　B65.5　　D10.0

C4.8

在货架上比较醒目　　13.2　　62.6　　8.7　　15.5

感到疲劳的
时候想喝　　30.3　　44.5　　16.5　　8.7

2012年9月上旬

---

③　禁止红色和黑色的混合使用

把左侧的图片用制图工具作了色调变化之后变成了右侧图片的效果。对于红色和黑色组合的人来说看
起来模模糊糊，写的什么都看不清楚

包装设计

红、粉、黄、绿、青色这五种颜色中，最喜欢的颜色是哪个？

日经设计在2012年3至9月的三次调查结果表明（第74页），粉色在女性消费者中具有压倒性人气，男性消费者更青睐蓝色，一些特定人群喜欢红色。

特定的人群是指40岁和60岁年龄层的男性。前者开始承担更多的社会责任，后者退休后开始第二人生，都需要很强的、健康的体魄和热情。

第70页1的调查中，对红色的牛奶包装有"营养丰富""有热情"这种评论，红色是给消费者带来热情和能量的颜色。

第75页2的关于果冻饮料的调查中显示，红色的B包装得到了"喝了之后人就会有精神""感到疲劳的时候想喝"这样的评论。在传统的观点里，我们看到红色包装会联想到辣的食品或是中国菜的调味品，以及与西红柿相关的食品。除此之外，红色包装也应用在应对特殊人群的相关食品包装中，获得了消费者的青睐。

红黑组合对于色弱人士来说很难区分

但是，在使用红色来进行设计的时候，要考虑到色盲人群（以下简称色盲）的需求。

在日本国内色盲人群达到320万人，主要是男性。也就是说男性人口的5%为色盲。色盲者主要分为对红色感受异常的P型和对绿色感受异常的D型两种。两种类型都无法正常辨别淡蓝色和粉色，红色和绿色，与正常的人相比生活中会时时因为色彩辨

红色的使用原则
1）从年龄、性别上来讲，主要针对中年男性
2）关注健康的人群
3）和黑色一起使用的时候要注意

别问题产生不方便的感觉。

具有正常色彩辨别能力的设计师，无法真正体会色盲者的色彩识别感受。为了更好地考虑到这一点，市场上出现了多种色彩组合工具，很容易就可以区分出色彩组合是否符合色盲者的色彩辨别能力。

在这些工具中，最容易操作使用的是伊藤光学公司制作销售的"Varianyor"眼镜。这是一款通过特殊的过滤器，可以体验色盲者的色彩分辨困难的特殊眼镜。

带上这个眼镜再看食品包装的时候，立刻就让人注意到红黑组合的特殊性。在食品的包装中，红色和黑色一起使用的情况比较多，这种红色和黑色的组合也是色盲者最不容易分辨的色彩组合。

需要特别注意的信息点要印制清楚，这款产品使用的原材料是什么，生产厂家的联系方式，以及消费使用期限等信息完全看不到，这对产品及产品制造厂家的信任就会大打折扣。也会产生很多争议，因此这种危险的色彩组合要慎用。

同时，如第75页下面的碗装方便面的包装上，印刷效果模糊，看不清楚，这个时候如果使用红黑组合的话，对色盲者来说更增加了阅读难度，甚至会什么都看不清楚。

在包装设计上，使用红黑组合的时候，首先确认色盲者的视觉感受是非常重要的。

清爽的香气和安心感受得到女性的喜爱

① 以下A到C中哪一种看起来最好喝？

A
朝日啤酒
（Style Free）

B
麒麟啤酒
（Zero）

C
三得利食品
（Zero Nama）

绿色讲述香味

选 C 的理由

啤酒的颜色用金色或者是黄色系非常重要。透明的啤酒颜色，诱人想喝（37岁，男，公司经营者）。在三种啤酒中，感觉这款口味最重（39岁，女，临时工）

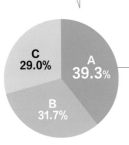

C
29.0%

A
39.3%

B
31.7%

选 A 的理由

耀眼的绿色让我想象出新鲜的啤酒花（34岁，男，职员）清新的绿色给人清爽的感觉，感觉喝了之后的口感会很好（21岁，男，学生）

选 B 的理由

有透明感，喝起来清爽（60岁，女，职员），质感很好，感觉味道上下了功夫（30岁，男，职员）

2008年1月下旬

②

A
朝日啤酒
（Fine Zero）

B
麒麟啤酒
（Free）

C
朝日啤酒
（Point Zero）

D
札幌啤酒
（Superclear）

女性比男性更钟爱绿色包装

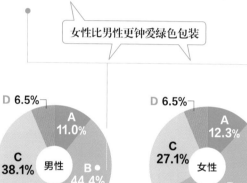

以下A到D中哪一种
看起来更好喝？

男性
D 6.5%
A 11.0%
C 38.1%
B 44.4%

女性
D 6.5%
A 12.3%
C 27.1%
B 54.1%

以下A到C中哪一种
看起来香气更好？

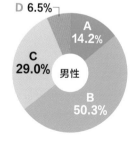

男性
D 6.5%
A 14.2%
C 29.0%
B 50.3%

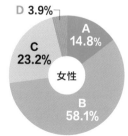

女性
D 3.9%
A 14.8%
C 23.2%
B 58.1%

2009年12月上旬

[理论篇]

包装设计

运用绿色、银色、金色三种颜色制作了0糖分发泡酒的包装。在第78页中的1调查显示，仅仅凭借包装颜色的不同，消费者给出了不同的印象。

绿色是让人忍不住想喝的

银色为基本色调的麒麟啤酒Zero"有一种透明的感觉，看起来比较好喝"（60岁，女性职员）。在瓶身上画了整幅啤酒图案的三得利Zero Nama得到的评价是，"在这三种啤酒中看起来最浓"（39岁，女，自由职业）。

正面绿色的logo和绿色的腰封设计是A款朝日啤酒Style Free的设计特点。"翠绿的颜色让人联想到酒香"

（34岁，男性职员），这是一种让人感受到强烈酒香的设计。

在另外一个调查（第79页的2）中关于无醇啤酒的包装调查显示，蓝色的包装在众多的产品中得到的评价是"香气好"，而B的绿色包装在四款啤酒中，超过半数的消费者认为这款啤酒一定好喝。

选择B的消费者的理由是"想喝的颜色"，清爽的绿色让人联想起新鲜的啤酒花的香气，一下子就会想到商品的奢华感和泡沫感，再和金色进行组合，更加锦上添花。B款的包装受到女性消费者的好评。

绿色包装不仅让人联想到啤酒花等有着清爽气息的植物，还有一个特点就是给人以安心感。在第86页1

绿色的使用原则

1) 绿色代表着芳香植物，让人精神放松，消除疲劳
2) 比起男性消费者，更受到女性消费者的欢迎
3) 容易让人亲近，有安全感

中对止汗露的调查显示，回答"绿色感到亲切"的人占了多数。我们在其他的调查中也发现，不仅仅是止汗露这类产品，其他例如食品、饮料的包装设计上，采用绿色包装的产品受欢迎程度较高，理由是绿色是看起来比较容易亲近的颜色。

2011年3月的关东地震之后，绿色在消费者中的人气大涨。我们在2011年2月和4月的两次调查对比中发现，消费者对明亮的绿色的喜好明显增加，特别是50岁左右的女性消费者，对绿色包装的喜爱增加了2倍以上。这个理由是因为绿色能带给人们安心，特别是在遇到重大事件的时候，人们对绿色的偏好会变强。

同时，绿色还代表着环保。LED灯泡等环保产品采用了绿色包装，可以演绎出环保、节省能源的印象，受到女性消费者的欢迎。

第74页的调查1中，如果只是看颜色的话，绿色没有得到女性消费者的欢迎。但是和商品关联起来，绿色所代表的香气、安心感、环保等特点，和商品的概念吻合之后就得到了女性消费者的追捧。

温和的白色，有质感的金色

[理论篇]

①

温和的白色，配上强烈质感的金色

A	B	C	D
朝日啤酒 （Dry zero）	麒麟啤酒 （Free）	三得利啤酒 （All-Free）	札幌啤酒 （Premium Alcohol Free）

在以下A到D的选项中哪个更符合产品特点？

（%）

	A	B	C	D
最好喝	22.9	14.5	16.5	46.1
香气最好	11.3	18.1	14.2	56.4
喝下去很爽	38.4		21.3	34.2 （6.1）
苦味会比较重	50.2		16.1	28.7 （4.8）
味道浓	25.2	14.5	7.1	53.2
口感好	9.7	13.5	64.9	11.9
有自然的香甜	4.8	18.4	51.0	25.8
看起来使用的原材料好	10.6	18.1	19.4	51.9
高级	13.2	10.0	13.9	62.9
想吃饭的时候喝	24.8	21.3	28.4	25.5
想休息的时候喝	16.1	25.8	42.0	16.1
下班回家放松的时候想喝	25.8	20.3	21.6	32.3

2012年2月上旬

A
麒麟饮料
（世界的厨房特供苹果果粒奶）

B
三得利食品
（Gokuri Apple）

在以下的选项中哪个更符合产品特点? （％）

A   B

	对味道和品质的印象		A	B
		清爽	16.8	83.2
		新鲜	33.2	66.8
		使用好的材料制成	67.1	32.9
		有高级感	73.5	26.5
		味道浓厚	79.0	21.0

使用奶油颜色，更增加了产品甜和浓厚的印象

	想喝的不同场合		A	B
		运动之后想喝	14.5	85.5
		早上起来马上就想喝	28.7	71.3
		散步的时候想随身携带	31.0	69.0
		吃饭的时候想喝	38.4	61.6
		休息和朋友聊天的时候	56.8	43.2
		晚上看电视或是看书的时候	62.6	37.4

A 款式饭后甜点型饮料

2012年9月下旬

在2009年12月上旬的调查显示（第79页图2），绿色的包装一直占据着极高的人气。麒麟啤酒以外的公司都在极力推进包装改革，以便和麒麟啤酒对抗。他们首选做的是舍掉一直使用的蓝色色调，使用其他颜色。

各啤酒厂家的尝试应该算是初战告捷。从第82页1的调查中可见，B的绿色包装的人气略减，可以看出其他啤酒厂家的个性包装已经得到更多消费者的认可。

在这里面，给人印象最深刻的是D的札幌啤酒的Premium Alcohol Free使用的金色色调。对于这款产品的印象，消费者的意见是"看起来好喝""香味比较好""比较浓""使用好的材料做的""有高级感"等，在包装革新上先胜一筹。札幌啤酒大胆

地使用金色，配上一幅大大的麦子的图，再配以Premium这样富有质感的软文，让人联想到这是一款品质和时尚兼具的好产品。

比起D款的金色，C的三得利All-Free在包装的个性体现上也不逊色。白色的设计，看起来"很甜""口感好"，特别获得了40岁以下女性的好评。

三得利酒业对包装的设计定位是，有质感的舒服的白。在易拉罐的表面进行三层的白色印刷，制作出柔和、华润的效果。

和白色相衬托的是点缀的金色，给人一种"在放松的时候想喝"的感觉，加强了放松时最想喝的啤酒的印象和市场定位。

D款是全部的金色色调，看到这

白色和金色的使用原则
1）白色代表甜美、滑润和清爽
2）金色代表浓厚和高品质
3）两种色彩混合使用有甜美、浓厚的效果

款啤酒就会让人想到"下班回家最想喝上一口"，作为对自己一天工作劳累的嘉赏。

保护皮肤的白色，释放光泽感的金色

洗发水的包装上一直使用金色和白色的色调搭配，既体现了产品的柔和，也提升了产品的质感。第94页的1是关于资深堂Tsubaki系列洗发水的调查，消费者认为白色"看起来对皮肤很好""比较容易起沫"，同时金色的使用让人感觉"头发会有光泽""洗过之后，头发的弹力会比较好"等，色彩带给消费者产品机能的猜想。

这两种颜色组合起来代表性的物品就是，奶油和象牙，都给人以温和、甜美又具有质感的印象。

象牙色的代表是第83页的2的调查，麒麟饮料（世界的厨房特供苹果果粒奶）这款是加入了脱脂牛奶奶粉的奶制品饮料。B的三得利国际Gokuri苹果是加入了果肉的犹如吃了苹果一样的饮料制品。

A的象牙色，看到包装就会对味道引起联想，消费者的回答是"浑厚，甜""使用的材料好""有高级感"等，对产品质量的评价比较高。

对于白色背景中间画的苹果的B款的包装，消费者的反应是"口味会比较清爽，比较酸""看起来很新鲜"。设定了具体饮用场合之后，B更受消费者的欢迎。清爽的B款在人们运动后或是早晨起床等需要打起精神的时候，大多数会被选择。

突显产品性能的无个性颜色

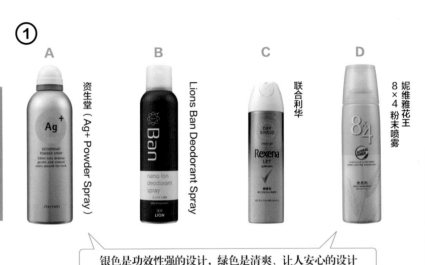

①

A 资生堂（Ag+ Powder Spray）

B Lions Ban Deodorant Spray

C 联合利华

D 妮维雅花王 8×4 粉末喷雾

[理论篇]

> 银色是功效性强的设计，绿色是清爽、让人安心的设计

在以下A到D的选项中哪个更符合产品特点？

（%）

	A	B	C	D
使用后有清爽感	25.8	14.8	8.7	50.7
不容易出汗	34.6	23.5	20.0	21.9
即使出汗也不会有体臭味	53.6	14.8	9.0	22.6
喷雾很容易被皮肤吸收	20.3	21.0	20.6	38.1
喷雾后，皮肤表面的滑润持续时间比较长	24.5	16.5	21.0	38.0
有杀菌效果	64.5	15.8	7.1	12.6
长久持效	51.6	17.1	14.2	17.1
有高级感	46.7	26.8	19.7	6.8
有亲近感	14.2	8.7	9.0	68.1
想放在家里或是洗脸池旁	38.1	22.9	11.3	27.7

2011年7月上旬

A	B	C
朝日啤酒	麒麟啤酒	三得利啤酒
（Style Free）	（Zero）	（Zero Nama）

在以下 A 到 D 的选项中哪个看起来不容易发胖？

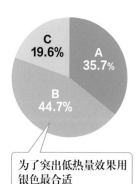

C 19.6%
A 35.7%
B 44.7%

为了突出低热量效果用银色最合适

选择 A 的理由
包装上很大的字写着糖分为 0（54 岁，主妇）
绿色的色调看起来对身体好（38 岁，男，职员）

选择 B 的理由
无机质感比较强（28 岁，男，职员）
突出一个热量低的特点（50 岁，主妇）

选择 C 的理由
0 写得很大（21 岁，男，学生）
包装设计上感觉和运动有关联，用红色写的 0 很醒目
（60 岁，女，职员）

2008年1月下旬

理论篇

包装设计

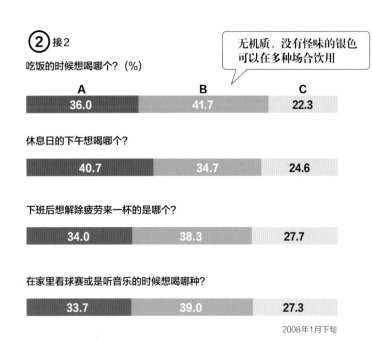

② 接2

吃饭的时候想喝哪个？（%）

无机质、没有怪味的银色可以在多种场合饮用

A	B	C
36.0	41.7	22.3

休息日的下午想喝哪个？

| 40.7 | 34.7 | 24.6 |

下班后想解除疲劳来一杯的是哪个？

| 34.0 | 38.3 | 27.7 |

在家里看球赛或是听音乐的时候想喝哪种？

| 33.7 | 39.0 | 27.3 |

2008年1月下旬

随着酷夏的临近，止汗露的需求在不断增加。液体类型或是止汗贴等新产品也不断流入市场。但是市场上最主流的还是图片上的这种喷雾型止汗露。

日经设计针对喷雾止汗露的包装进行了市场调查，结果显示，A的资生堂Ag+得到了最高的人气支持。

41.3%的消费者选择买A，理由是"即使出汗也不会有体臭""杀菌效果好"，包装上判断产品高效能的特点。

用铝罐以及银色色调的包装，让人联想到结实、耐用等高性能的特点。从年龄、性别上看，34岁以下的年轻女性对这款产品的包装评价最高，其次是35～49岁的男性消费者也显示了浓厚的兴趣。这也表现了

银色的使用原则
1）突出产品机能性
2）卫生、时尚、无机质、无味
3）没有怪癖，可以使用在各种场合

对味道最重视的年龄层选择了这款设计。

获得第二名的是D的花王系列，得票率为26.5%。对于绿色为主体的设计，消费者的感受是"使用后会有清爽的感觉""皮肤滑润""有亲近感"，从年龄层和性别的分布上看，获得35岁以上女性的支持率最高。

没有怪癖，可以融入各种场面

银色具有时尚、卫生、机能性、高性能、无机质等金属特点，可以使用在突出产品性能的包装上。

让消费者有种"功能性一定很强"的特点的银色的魔力在第87页2的饮料包装上已经显示出来。

在针对0糖分的三种发泡酒的对比调查中显示，银色基调包装的B的麒麟啤酒的Zero被认为热量最低、最不容易发胖。

无机质感强的同时，银色的包装使商品没有怪味。所以，可以在各种场面饮用。近些年，机能性饮料增多，这些产品可以选择银色作包装。

虽然是衬托周围的"强调色"，但是使用上也要有选择

实际销售的产品

① A
蓝

雪印切片奶酪

假设在上面的商品包装加上以下五种颜色会怎么样？

B 粉　C 绿　D 黄　E 黑　F 红

在以下A到F的选项中哪个更符合产品特点？(%)

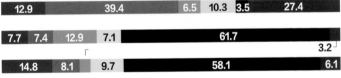

浓厚、有高级感，但是有苦味

看起来更浓的是　A 18.1　B 5.2　C 2.6　D 15.5　E 45.4　F 13.2

看起来更甜的是　12.9　39.4　6.5　10.3　3.5　27.4

看起来苦味更重的是　7.7　7.4　12.9　7.1　61.7　3.2

更有高级感的是　14.8　8.1　9.7　58.1　6.1

2011年8月下旬

②  A　 B　 C　 D

Kagome（野菜生活，Refresh）　Kagome（温柔鲜榨）　伊藤园（充实野菜，100%国产）　三得利食品国际（Iloveveg）

③

A	B	C	D

麒麟协和Foods （奶油玉米汤）	味之素 （法国面包玉米 法式浓汤）	Pokka （烤面包玉米 法式浓汤）	江崎格里高 （奶油玉米浓汤）

在以下商品中想买的是哪个？

（%）

		A	B	C	D
男性	20多岁	16.1	16.1	38.8	29.0
	30多岁	35.5	12.9	22.6	29.0
	40多岁	35.5	12.9	16.1	35.5
	50多岁	16.1	29.0	12.9	42.0
	60岁及以上	22.6	25.8	19.4	32.2
女性	20多岁	16.1	12.9	22.6	48.4
	30多岁	29.0	12.9	16.1	42.0
	40多岁	22.6	22.6	9.7	45.1
	50多岁	19.4	12.9	25.8	41.9
	60岁及以上	22.6	19.4	19.4	38.6

喜欢黑色包装的人群占少数

30、40岁的人更喜欢A款

喜欢黑色包装的是50岁以上的男性消费者

女性消费者不论年龄大小都喜欢D款

有玉米粒多的印象，受到20多岁消费者的好评

在以下A到D的选项中哪个更符合产品特点？

（%）

	A	B	C	D
看起来最好喝	48.0	17.3	24.0	10.7
看起来味道最浓	7.7	71.7		18.3

2.3

黑色表现很浓厚的感觉

2009年4月下旬

包装设计

市场上受到消费者欢迎的热销产品的包装颜色都有什么样的，如果换了其他颜色消费者又会作何反应。针对这一问题我们作了调查。

首先，我们对实际销售的商品的包装作了改装，换了其他颜色的包装的图片展示给消费者看，询问他们的感受。这里做的是关于雪印的Meg Milk薄片奶酪（第90页调查1）

味道比较浓厚，当时会偏苦味的黑色效应

调查使用的颜色除了实际商品使用的A的蓝色以外，还增加了B粉色、C绿色、D黄色、E黑色、F红色等五种颜色，这六种都使用了明亮的单色色彩，除了消费者已经习惯了A的蓝色、受到欢迎之外，其他颜色的使用也让商品的印象有了很大的改变。

比如A的蓝色相对于其他颜色，得到的评价是"看起来比较咸""比较淡""吃后的口感比较清爽"等。奶酪特有的柔软的质地D的黄色更为合适。看起来味道浓厚、材料高级的是E的黑色的包装。同时，也有对黑色包装看起来比较苦的评价。从柱状图可以看出，黑色包装给人的感受是味道比较极端的印象。

总之，黑色的包装的使用起到了突出其他颜色的效果。比如我们来看一下第90页的关于蔬菜饮料的调查。黑色背景下橙汁画的B包装，大多数消费者认为这款饮料看起来味道最浓。与此同时，B看起来"最健

使用黑色的原则

1) 有高级、浓厚、苦味等印象
2) 受老年男性消费者的欢迎
3) 达到"更有效"的包装目的

康",因此受到了对健康比较关注的男性消费者的欢迎。

同时，B的调查结果显示，由于黑色的使用，让人没有想喝的欲望，所以B的包装得到的女性消费者的支持最少。

黑色受到特定年龄层消费者的青睐

黑色受到特定年龄层消费者的喜爱，这个结果从其他的调查范例中也可以发现。第91页的调查3中，调查内容是"在以下四款商品中想买哪个"，对年龄和性别作了比较。结果发现，有黑色腰封设计的B的味之素的奶油玉米汤得到了50岁以上老年消费者的喜爱。他们认为，黑色体现出高级感和高品质感，对黑色带来的

负面效应没有太多的感觉。

同时，对各款商品的味道的期待感作了调查。消费者的大多数认为A款的产品具有更柔软的印象，B款的产品会偏咸，D款的味道会比较浓，C款里的米粒会比较丰富，更亲民。

大面积使用黑色的设计，提升产品质感的同时，也会隐含一些风险。面向什么人群的产品？想强调的商品特点是什么？要在充分理解以上需求的同时大胆地使用黑色，会带来很好的效果。

甜甜的粉色和香香的紫色

① 厂家销售的产品中实际使用的颜色

A　B　C

资生堂「TSUBAKI」

假设在以上商品中追加以下几种颜色的包装会如何?

D 绿松石色　　E 紫色　　F 蓝色　　G 银色

最具有香味的颜色

在以下A到D的选项中哪个更符合问题? （%）

	A	B	C	D	E	F	G
洗后最清爽	31.0	7.4	9.7	23.5	3.9	16.1	8.4
泡沫最多	38.7		17.7	19.4	4.2	6.8	9.7 / 3.5
洗后头发有弹性	24.5	35.8		17.7	3.9	6.8 / 5.2	6.1
洗后头发有光泽	14.2	40.3		21.3	3.2	5.8 / 6.5	8.7
对皮肤好	45.5		20.3	10.3	3.9	11.0	5.5 / 3.5
香味最好闻	17.1	17.7	18.1	15.5		22.9	4.8 / 3.9

2011年8月下旬

[理论篇]

从包装感受到的香味?

看图的方法:"留香最持久""喜欢这种香味",分为7个层次来评价,然后标注在图上,蓝色—绿色—黄色—红色的顺序为分数从低到高,越接近右下方的越是对香味的满足度越高

A
宝洁柔软剂

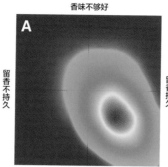

整体来看比B款产品的满足度低

[理论篇]

B
Lions 柔软剂

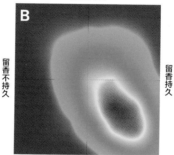

香味好、香味持久这两点指标最高

C
花王柔软剂

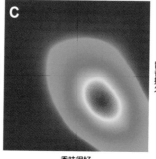

留香是否持久的评价和A款基本上一致

2011年12月初旬

包装设计

评价您选产品的理由是什么？（%）

感觉产品质量好

A 8.0

B 11.0

C 10.7

看起来高级

A 2.8

B 23.9

C 5.9

从智能手机的包装到小的杂货包装，所有的货架上都会看到粉色的国民色包装。在第74页的调查中已经表明，女性消费者无论任何年龄层都对粉色包装情有独钟，在包装使用上显示出了巨大的人气。

但是，具有强大人气的粉色却很少使用在食品类商品的包装上。和粉色同为一个色系的紫色也是一样，使用这种颜色的包装会给消费者一个特定的印象，就是"甜"。在第90页的调查1关于奶酪的调查中可以发现，粉色包装给消费者一个很强烈的商品一定很甜的印象。

另一个方面，粉色和紫色"让人联想到并由此想到浓厚的香味"，这个在第94页的资生堂洗发液的

Tsubaki的调查中可以明白。实际上存在的商品包装是A白色、B金色、C红色三种颜色，为了调查增加了D绿松石色、E紫色、F蓝色、G银色等四种颜色，对于每种颜色的印象进行了调查。

香味的浓淡和奢华感直接相关

在这次调查中，特点鲜明的是D绿松石色和E紫色。关于绿松石色，消费者的印象是"比较清爽""味道不会很强烈"，受到40～59岁的男性消费者的支持。另一方面，紫色就被认为香气会比较重。

这种让人联想到香味的包装，多用于化妆品、洗发液、护发素等产品上。近几年，在柔软剂和洗涤剂的

> **紫色和粉色的使用原则**
> 1) 香甜，香味也比较甜
> 2) 比粉色更强调味道
> 3) 受到女性消费者欢迎，特别是粉色

包装上也开始使用这两种色彩，制造留香持久、每次触摸都会感受到香味的功能性包装色彩。已然取代香水，受到女性消费者喜爱。

日经设计作了关于各种柔软剂产品的比较调查。对宝洁柔软剂（A）、Lions柔软剂（B）、花王柔软剂（C）等使用粉色和紫色包装的产品作了不同颜色的包装对产品香味的影响的比较调查。

对"会喜欢这种香味""有留香持久的印象"这两个问题进行调查，将得出的结论绘制成了第95页的表格。可以看出，更接近紫色的B最受消费者欢迎。

给予B很高评价的背景是，消费者认为B的商品"有高级感""品质会很好"。浓厚的红紫色的包装，配上金色的文字，这种组合让人联想到海外的大牌商品。

A和C的包装采用以花的手绘插图来体现甜美的香气，这种说明性设计无法像B那样直接诉诸消费者本能。这也充分体现了颜色本身的力量。

学习三得利的做法，掌握女性消费者的心理

① 各个包装中哪个部分比较好，哪个部分不好？
（红色部分是好印象的区域，蓝色部分是不好印象的区域。可以多项选择）

[理论篇]

男性　男性对包装设计的印象

女性　女性对包装设计的印象

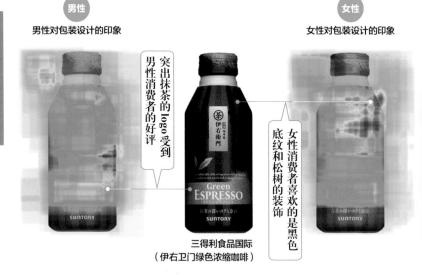

突出抹茶的logo受到男性消费者的好评

女性消费者喜欢的是黑色底纹和松树的装饰

三得利食品国际
（伊右卫门绿色浓缩咖啡）

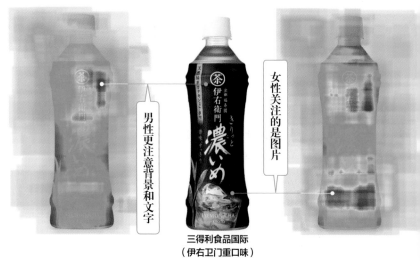

男性更注意背景和文字

女性关注的是图片

三得利食品国际
（伊右卫门重口味）

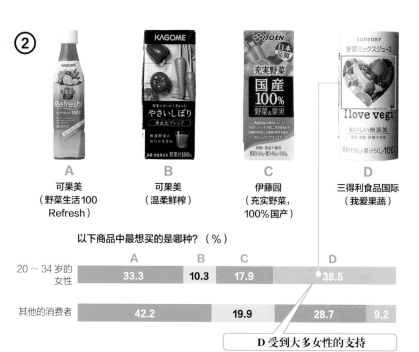

②

A
可果美
（野菜生活100
Refresh）

B
可果美
（温柔鲜榨）

C
伊藤园
（充实野菜，
100%国产）

D
三得利食品国际
（我爱果蔬）

以下商品中最想买的是哪种？（%）

	A	B	C	D
20～34 岁的女性	33.3	10.3	17.9	38.5
其他的消费者	42.2		19.9	28.7	9.2

D 受到大多女性的支持

2009年4月上旬

③

三得利食品国际
（Gokuri 苹果）

包装上的哪个部分看起来会感觉这款食品好吃？

流着苹果汁的图片

| 20～39岁的女性 | 37.9% |
| 其他消费者 | 25.4% |

流着苹果汁的图片的创意受到好评

2010年9月上旬

④

三得利食品国际
（Green DA-KA-RA）

SUNTORY グリーン ダ・カ・ラ

GREEN
DA·KA·RA

果実
ミネラル
水分補給

包装上的哪个部分看起来会让人
想买此商品？

● **瓶子上半部分的**
心形设计

女性 **35.7%**

男性 **13.3%**

女性消费者看图

● **商标牌上绘制的小的**
果蔬图案

女性 **43.5%**

男性 **26.5%**

2012年5月初旬

日经设计针对浓缩咖啡和伊右卫门重口味这两款产品的产品包装设计进行了对比调查。调查是通过展示商品照片，请消费者直接写出对产品包装哪一个部分的印象更深刻。

调查结果在第98页的表1中体现。表中的红色部分是比较积极的意见集中的区域，蓝色和紫色的部分是相对消极的意见集中的区域。

从中我们可以发现，男女对包装设计关注的点不同。比如上面这款商品，男性关注的是下面的绿色腰封的部分，对 Green Espresso 这几个词有强烈的反应。与之相反，女性比较喜欢的是黑色的竖纹设计以及松树的设计，轻松的游戏感觉的插画受到女性消费者的欢迎。

B设计的底部有绿茶倒入玻璃杯的画面，女性消费者对这个图片也有明显的印象和反应。让人联想到果汁或鸡尾酒等清爽的印象，获得大多数消费者的好评。

女性消费者对手绘画没有抵抗力

为了体现商品的特点，商品包装设计上往往会添加一些图片或是画。对图片等有反应的是女性消费者，所以以女性消费者为目标的商品，用上图片或是绘画效果会更好。

2009年4月上旬作了关于蔬菜饮料的调查（第99页上）。结果出人意料的是，我爱果蔬系列饮料在除了年轻女性以外基本上没有得到其他年龄层人的支持。

年轻女性看了哪个部分喜欢上这款商品的呢？调查显示"看了包装上的图"的回答最多。年轻女性对心形图案等直接明了的图案设计最有直接的反应。

看图3的Gokuri，从苹果上滴下来的汁直接诉诸了消费者的味蕾。这张照片也受到了年轻女性消费者的喜欢。Gokuri因为不是100%的纯果汁饮料，商品标识法上规定不能使用苹果切片或是苹果榨汁的原图，商家巧妙地用了这种图片加点滴的形式，生动表现了产品多汁清爽的味感。

图4的Green DA-KA-RA也是如此，为了强调产品的原材料的天然，采用了强调产品性能和营养成分的类似运动饮料的简单线条型设计。特别受到女性欢迎的地方是，瓶上部的心形设计，以及下面罗列的果蔬图案。

三得利擅长捕捉女性消费者的心理，单纯把商品的图片放上，不会引起消费者任何的好奇心，所以如果想吸引年轻女性消费者，可以参考三得利的商品包装。

男女喜欢的字体不同

看到哪个部分有想要购买的欲望？

"SILKY BLACK" 的文字

男性 **19.5%**

女性 **31.5%**

"Keep You Relaxed" 的文字

男性 **12.2%**

女性 **22.2%**

女性消费者更喜欢端正的文字设计

三得利食品国际
（Boss Silky Black）

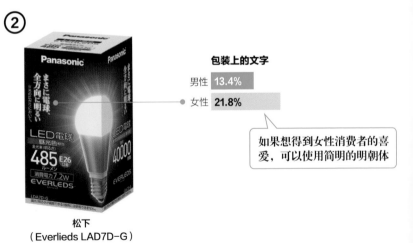

包装上的文字

男性 **13.4%**

女性 **21.8%**

如果想得到女性消费者的喜爱，可以使用简明的明朝体

松下
（Everlieds LAD7D-G）

③

麒麟啤酒
（世界的High Ball，
醇化苏打威士忌）

看到哪个部分有想要购买的欲望
（觉得好喝）？

商品名是"世界的High Ball"

男性 42.9%
女性 63.2%

> 文字大小错落有致，
> 受到女性消费者的欢迎

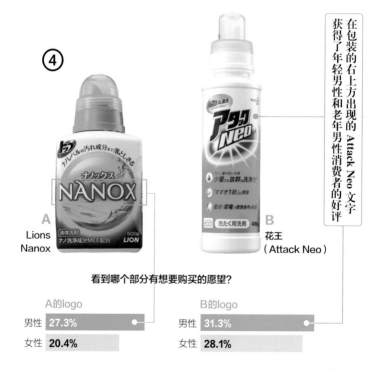

④

A
Lions
Nanox

B
花王
（Attack Neo）

在包装的右上方出现的 Attack Neo 文字
获得了年轻男性和老年男性消费者的好评

看到哪个部分有想要购买的愿望？

A的logo
男性 27.3%
女性 20.4%

B的logo
男性 31.3%
女性 28.1%

2011年3月上旬

[理论篇]

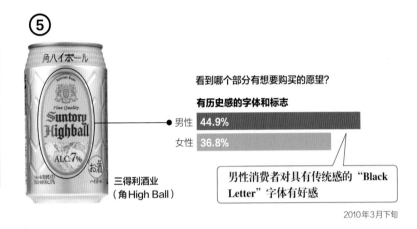

⑤

看到哪个部分有想要购买的愿望？

有历史感的字体和标志

男性	44.9%
女性	36.8%

男性消费者对具有传统感的"Black Letter"字体有好感

三得利酒业
（角High Ball）

2010年3月下旬

男女对文字字体的感受差异很大。在日经的调查中显示，女性喜欢优雅的明朝体。

女性偏好"质感"，男性偏好"跃动感"

比如获得女性消费者好评的三得利国际Boss Silky Black的包装设计（1），在询问看到包装上的哪个部分想有购买的愿望时，男女的差异非常大。

回答想购买此商品的女性消费者中的31.5%的人认为，看到字体端正的台词体，就有了想买的愿望。与此同时，男性想购买此商品的人为19.5%。对下面写的斜体的Keep You Relaxed感兴趣的女性消费者是22.2%，男性低于此10%，是12.2%。

女性对于明朝或是笔记体的字

⑥

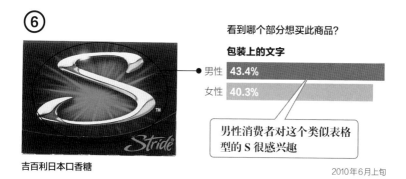

看到哪个部分想买此商品?

包装上的文字

男性 43.4%
女性 40.3%

男性消费者对这个类似表格型的 S 很感兴趣

吉百利日本口香糖

2010年6月上旬

[理论篇]

体都会有喜欢的倾向，这个在很多商品上都可以验证。LED灯泡上，对写着端正的明朝体的商品会有很好的反应（图2）。High Ball 也是同样，可以看出女性消费者对于字体的喜爱。

在103～105页中的图4～图6展示的都是男性消费者更钟爱的字体，他们更喜欢带有游戏或随意的字体。特别是老年男性更喜欢图4的Attack

和图6的字体。夸张的文字得到男性消费者的喜爱。

女性喜欢安静的文字，男性喜欢跃动的文字。文字有着不可估量的说服力，用什么样的文字、什么样的字体来设计，这个调查结果会给您一些参考。

包装设计

重要的内容放在一起表示

[理论篇]

A

日本可口可乐公司
（Real 姜黄素）

B

House食品
（姜黄素的力量）

对于每个包装上印象好坏的点是什么？

（红色是印象好的部分，蓝色是印象差的部分）

成分介绍和logo分的太开，不容易看到

突出成分介绍

2012年2月

A
麒麟饮料
（Fire Golden）

C
三得利食品国际
（Boss 超）

商品包装上印象好和坏的部分是什么？
（红色的颜色越厚重越会有好的印象，蓝色的颜色越厚重越有不好的印象）

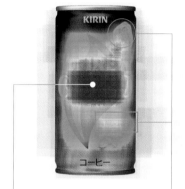

● 消费者的视线集中在"Gold"的
　 文字上

● "直火烘焙的香气""黄金比例的
　 Blend""高级咖啡豆"等文字
　 不是太明显

● 商品名和 logo 之间的包装的中
　 间区域的文字"深度烘焙"足够
　 引起消费者的注意

2012 年 10 月

　　消费者在看包装的时候，最主
要看的就是包装的中心"肚脐"部
分，在这里注明商品名称和 logo 以及
主要的原材料成分。如果还有必须写
上的内容，一个准则就是离最重要的
内容不要太远。

　　比如从 1 的姜黄素饮料的包装来
看，A 的商品成分标识在包装的下半
部分，这样消费者不容易看到。而在
B 的设计上就集中到了一起。A 的设
计上成分内容介绍和 logo 距离偏远，
这与 2 的咖啡的包装设计相同。重要
的内容不要放得太散，尽量集中到
一起。

第 3 章

实践

篇

了解设计流程

大师谈设计

最基本的设计工作流程

热销产品的包装设计需要有正确的设计流程。
首先来了解一下这个流程。

[实践篇]

我们在和设计师谈设计的时候，如果没有任何想法是做不出一个充满魅力的好作品的。产品的受众是谁，用什么样的方法和消费者进行交流，需要作一个战略部署。在一定市场推广战略的基础上，开始按照标准的设计顺序着手包装设计。

右图是包装设计的流程图。这个图的修改和顾问是Eight Branding Design公司的法人西泽明洋。西泽创立了被称为Focus RPCD独自的设计方法，为麒麟生茶、Premium Craft啤酒Coedo以及闪光黄豆酱等产品做了包装设计，是拥有多项优异成绩的设计师。

本书是在对各厂商以及设计师调查的基础上，提炼了包装设计上的操作方法，根据西泽代表提倡的Focus RPCD的设计流程整理而出

的。具体的方法是，调查（R）、计划（P）、确定内容（C）、设计（D）这样一个流程，第一阶段的市场调查到第11阶段的最终设计稿定稿左右的作业流程都清晰明了，也同时标注了各个阶段具体的操作方法和注意事项。

设计师也要参加前期的市场调查

调查阶段分为，1市场调查和2同类商品调查两种。西泽代表认为"调查阶段设计师也要亲自参加，在调查过程中，发现产品的差异性从而对未来的创作起到作用"。

调查阶段最重要的是对市场整体状况的了解。设计师首先要了解的是包装设计的倾向、店铺的特点等信息。尺寸、形状、颜色、质感以及使用文字和logo的倾向都要作整理，将

● 包装设计的基本工作流程

	作业	作业内容
调查 ↑↓	**1** 市场调查	对市场进行深入调查,把握设计记号(包括包装设计的倾向和卖场的主要特征)。关于包装设计上的要点尺寸、形状、颜色、质感以及使用文字和logo的倾向都要认真观察和整理,寻找商品的差异性。更新包装的时候也要对市场的变化,同行业商品的变化作调查。
	2 同类商品的调查	分析同类商品的包装设计特点。除了尺寸、形状、颜色、质感以及使用的文字和logo外,也要抽取出成为这个商品特点的最重要的要素。作包装更新的时候,同时要整理的是此产品的资产都有哪些,利用设计的可视化特点,将整理出来的信息和同事分享,获取更多的灵感。
创意 ↑↓	**3** 制作商品概念	在调查2的基础上,创立具有竞争力的商品概念。明确需要解决的问题和为了达成差异化商品的优先顺序,以便以后更高效地工作。
	4 设定差异点	在3的概念的原则下,以2的调查为基础,开始确定商品的差异点元素,以期用于后期的设计上。品名和软文广告也要综合考虑,以细微处的差异性来体现商品概念的差异。这个时候要注意,产品的商标权、著作权等涉及知识产权纠纷问题。
试做 ↑↓	**5** 做样品——1	在4的基础上制作第一个试验品。不以特定的品位和方向来约束,为了创造多种可能性,做多个试验方案。
	6 评估——1	对试做品1进行评估,确定修改方案,如果有必要也可以请消费者或是店员参与评估。在确定具体的定量指标的同时,也尽量掌握客户和市场的想法和愿望,两者并行。
	7 做样品——2	在评估之后的修订方案的基础上继续制作试做品,这一次把尺寸、形状、颜色、质感等细节信息也追加上去。
	8 评估——2	继续评估试做品2,集中设计的大的方向。设计的细节上的差别会带来整体的改变,这种差异是什么样的,需要不断地试验和确认。如果有必要,这个阶段也需要向消费者和店员征求修改意见,然后反复进行试做和评估。
	9 制作最终候选样品	在第8个步骤,制作第二个样品的基础上,开始为下一个步骤——制作最终样品作准备。这个时候的方案可以是一个,也可以是多个。
决定 ↑↓	**10** 样品发布	包装制作的负责人向总负责人进行汇报,这个时候考验的不仅仅是设计能力,而是对样品的说明和让对方认可的沟通能力。
	11 决定最终方案	

[实践篇]

这些更贴合商品特点的信息用可视化的方式传递给其他同事。西泽代表认为这个是设计师最主要的职能。

接下来，对市场和本公司产品的特点进行整理。市场是不断变化的，在这种变化中，本公司产品在市场的竞争能力和位置要及时掌握，在准确知道这些的前提下，才可以更精准地进入下一步新商品的开发。

做多个样品不是浪费

无论是新商品开发还是旧商品的包装更新，在设计方面，做出差异化是最重要的。"越是高端的概念越要注意产品的差异化。对商品的存在方式、品位和商业手法等超过设计范畴的内容也要作深入了解，才能将差异点做得精准。这是设计师要理解的。"

根据调查的结果，来确定表达商品差异化的方法，是在计划和概念整理阶段。如图中3和4的部分。

特别是商品包装更新的情况下，旧商品的问题点的发现和整理极为重要。"仅仅整理问题点也不够，还要把这些有待解决的问题作个优先顺序的考虑，这样通过设计师的可视化表现手法可以更顺利地进入下一步的设计工程中"。通过这些步骤，确定产品差异化的要点，在这个基础上进行样品制作和评估。

制作样品的时候，设计师会被要求多做几个式样。这个乍看上去是一件没用的事情，但是实际上却很需要。"初期的设计，要认真确认表达概念的手法的范围。从概念的中心开始到边缘，甚至超出概念范畴的方案也可以。这会有更多意想不到的发现"，西泽认为。将试做的样品不断修改，最后确认方案。

　　按照这个制作流程我们可以看出，在包装设计开发过程中能看到两种设计。一种是便于和同事交流的可视化设计。这个属于初期的设计阶段，没有这个阶段的评估和修改就没有最后的完美方案。

　　另一种就是接近尾声的细节确认设计。包装设计的成果，最终摆在货架上的只有一个。在设计过程中，有很多设计可能都没有见过就已经被否定，但是这些设计也非常重要。

Focus RPCD®

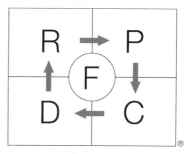

Focus RPCD（商标已注册），是将设计分为四个阶段，调查（R）、计划（P）、内容（C）、设计（D），在每个阶段确定一个焦点（F），用这样的方法进行设计开发的过程

西泽明洋

8Branding Design的代表
品牌设计师

Focus RPCD是以品牌设计的视角进行企业的品牌开发、商品开发、店铺开发，在多个领域进行设计开发业务。是一个从调查到企划到概念开发一个整体的设计流程入手的开发手法，获得了众多好评。主要业绩为，Premium Craft啤酒Coedo、抹茶咖啡Nana's Green、信州黄酱、近畿日本铁路上本町Yufura、麒麟饮料麒麟生茶等。获得国内外诸多奖项，如Good Design奖、Pentawards、The One Show等。著书有《开启品牌之路》（BP日经社）、《孕育大名牌》（同上）、《品牌设计》（Pie International）（http://www.8brandingdesign.com/）

了解设计流程

麒麟饮料 / 午后红茶　浓缩咖啡茶

开发这款包装设计的是两位设计师

在前文，理论上了解了包装设计开发的过程，
从现在开始根据具体案例来进一步了解开发过程的细节。

　　企业在与设计师合作的过程中，很重要的一点是对设计师提出的方案以明确的判断。以什么样的标准，怎样判断一个设计的好坏，要明确。

　　以 2010 年比预期销售目标超过 4 倍销售额的麒麟饮料的午后红茶为例，进一步了解包装开发的流程。

多次进行调查

　　对于设计师的判断是一件缜密而又困难的事情，特别是对国产品牌的大众化商品来说，无论如何也不会以企业负责人个人的喜好来进行判断设计。

　　表达了商品的概念和味道了吗？表达了消费者的愿望了吗？表达了和品牌相符合的理念了吗？和其他的广告宣传等销售概念上是否统一等，对于设计作品的评价指标很多，每一个指标都要认真确认。在开发午

午后红茶/浓缩咖啡茶成为
超出预期销售目标 4 倍的
热销产品

● 确定包装设计最终方案的流程

> **商品概念**

罐装咖啡客户的专属奶茶

以此为基本概念，委托3家设计公司提供设计样品数十种

为了确定消费者的喜好，备选5种明亮的颜色作参考

| 奶茶色设计 | 以金色为主的罐装咖啡风格设计 | 罐装咖啡风格的logo的位置设计 | 联想到意大利风格的配色设计 | 强调浓缩咖啡的配色设计 |

在对消费者进行调查的基础上，决定一个设计的方向，
在此基础上制作两个设计方案

在消费者调查中发现，红茶风格设计能表达出商品的高质感，受到男性消费者的喜欢

| 以蓝色为基调的设计 | 以绿色为基调的设计 |

对百人以上的消费者进行摸底调查

最终　决定

包装设计要经过两个阶段的调查后进行决策，调查过程中对哪方面进行调查，调查结果如何解读，又如何在设计上进行反映，是一件非常复杂的工作

[实践篇]

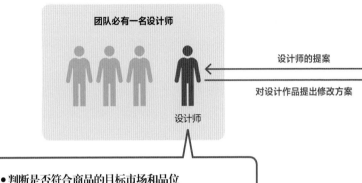

公司内的开发团队

团队必有一名设计师

设计师

设计师的提案

对设计作品提出修改方案

- 判断是否符合商品的目标市场和品位
- 根据消费者调查的结果对设计方案提出修改意见

[实践篇]

后红茶的时候，是在公司内部和外部都分别请了一个设计师，来确定设计的方向性，他们整合各种设计要素，然后进行了一个优质设计。

2002 年开始一直担任麒麟饮料的外部创意总监（CD）的是 Build Creativehavs Inc 社长河野泰夫。河野公司负责午后红茶商品的品牌管理。和麒麟饮料的开发团队一起，创造和管理品牌特点的方向性。在这个方向性的基础上，河野选择优秀的设计师，进行设计。再对设计的作品进行修改和整理。

公司内部设计师的职能是向河野公司准确传递产品的概念，确认设计出来的作品是否符合产品的概念和品位，针对设计的作品进行展开调查等工作。

公司内部设计师的另一个重要的职能是把针对消费者的调查结果反馈回设计中来。这个过程也很复杂（参考第 115 页图）。首先，设计师要从数十个甚至数百个设计样品中选出 5 个最具有方向性的作品。在消费

公司外部的开发团队

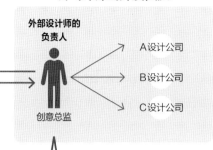

决定设计稿的工作繁杂又精细，麒麟饮料在公司外部聘请两名总监担任设计的选择、修改等工作

外部设计师的负责人

创意总监

A设计公司
B设计公司
C设计公司

- 选择外部设计师，委托设计
- 管理"午后红茶"品牌的设计基调和原则
- 和广告等其他市场宣传方式的联络

者中进行调查，通过消费者对设计表现方式和概念不同的五个作品的评价，整理总结出未来成品的方向性。在此基础上，再次请外部的创意总监做两款以上不同色系的设计方案，做出来的方案再在数百人规模的消费者中展开调查，根据调查结果决定最终的设计稿。

从多数的设计作品中作出选择，同时要考虑如何向CD用最明确的语言来表达，这个工作量也是庞大的。由公司内部、外部两名总监执行的体制可见此项工作的重要性。每个人精准地执行各自的职能，作出最准确的判断。

对于设计作品的评价很多人会认为是一种凭借个人感觉的判断，实际上却不然。这种判断是基于缜密的调查和理论分析进行的。即使是规模很小的工厂的品牌也不能依靠个人的自觉和感觉作出判断，必须有第三者的视角的参与。

麒麟饮料／来自世界的Kitchen

沟通的基础是和设计师的旅游

想要做出有创新性的设计，
从调查的阶段开始就要有设计师的参与。

现阶段，在清凉饮料行业很难创立新的品牌，在这里面取得突出成绩的是麒麟饮料的来自世界的Kitchen系列产品。从果汁饮料到咖啡以及碳酸饮料，不仅仅局限于任何一个领域，不断地开发新的饮料产品，也开发比同类清凉饮料售价高的商品，却同样获得了市场的好评。

左起麒麟饮料为来自世界的Kitchen系列Diabolo Ginger，2008年2月限量上市的果肉桃子饮料，上市2周销售一空的麦香牛奶咖啡

和艺术总监一起考察

大多数饮料厂商，在开发商品的时候注重以商品的保健功效来提高商品的价值。而麒麟饮料公司认为需要提升的是味道、原材料及制作方法这些最基本的地方，同时为了提高商品的魅力在包装和广告宣传上也要下足功夫。

来自世界的Kitchen系列饮料的开发和其他清凉饮料的开发过程截然不同。在作饮料产品开发的时候，对所使用的原材料和味道在一定程度上作了判断之后开始进行开发。而来自世界的Kitchen系列只确立了"手工味道"这一主题，用什么材料等都是"处于白纸"的状态。

开发团队在没有任何主题的情

奶油焦糖红酒炖西柚汁 Mint Julap Sada（以上商品都已经停止销售）

119

在开发Mint Julap Soda时，开发者与福冈发生以及摄影师在古巴采访当地家庭和食堂时拍摄的照片

况下，请艺术总监宫田识和福冈南央子一起参与商品的策划。两个人的讨论在不断深入之后得出了制作"综合全世界家庭中的智慧的商品"以及"加工成符合日本人口味"两个原则的结论，从而开始进行商品开发。

在产品研发过程中，艺术总监参与商品开发的材料选择旅行等，密切参与产品的研发。一起总结要传递的产品的魅力，一起思考产品开发者对于产品的要求和想法。在这种体验的基础上，将产品的魅力传达给消费者。

在Mint Julap Soda包装上使用的

绿色和绿松石色都是在古巴体验生活的时候发现的。设计师在看到当地的住民家里的墙壁的颜色时得到启发，这也是只有到了当地才能够获取的信息。电车把手上的广告词是"让薄荷的香味冷藏在这个夏天"，也是在当地的体验中得到的感受。

包装上的宣传文字，跟准确的设计表现力共同打造产品的味道，不同的产品使用的方法不同。限量上市的桃汁饮料的包装上强调了圆和曲线，在苏打饮料上虽然使用了同样的字体，却用了有棱角的文字。包装和

来自世界的Kitchen的电车广告，车厢内可以仔细阅读广告的特点，充分展示了每个商品的详细说明，必不可少的是有清爽干净的配色和异国风味的古典插图，真的让人很想买一瓶回来

广告上体现的设计感，都是从这些细小的地方积累而成的。这也是与商品深度接触理解而出的成绩。

选择可以充分表达产品特点的媒介方式

　　在商品推广上，和消费者的交流虽然很重要，但是充分理解不同媒介的特点也是非常重要的。哪种媒体有什么特点，怎么样充分利用这个特点，也是每个开发团队需要认真去思考的问题。比如使用电视广告的时候，基于"从世界各地的妈妈得到的启迪"这一概念，画面截取了在世界各地采访的画面，用画面来传达主题。

另一个主题是"用了点功夫的饮料"，这个利用电车中的垂挂广告来完成。这种媒介的特点是可以让消费者有充足的时间来阅读，这里面会把产品的魅力很详细地说明出来，也会做出最符合产品特点的软文广告，同时添加商品的原材料的图片让消费者感受到一个具有丰富信息的广告。

在人们对吃的极大关心下，又是一个需要量产的食品，所以手工制作是对商品饱含爱情的一种诠释。来自世界的厨房系列受到消费者的喜爱，来自这种消费者意识变化的背景。

卖店都放有记载详细的开发过程
的故事说明书，通常是2折折页的
说明书，但是这本的页数比较多，
是为了更好地将产品概念传达给
消费者

卖店都放有记载详细的开
发过程的故事说明书，通
常是2折折页的说明书，但
是这本的页数比较多，是
为了更好地将产品概念传
达给消费者

用薄荷冷却
日本的炎炎夏日

水出しミント
ジュレップソーダ

Dydo 饮料 / Dydo Blend 咖啡

确定品牌资产，灵活运用现有的品牌资本

在进行商品包装更新的时候，
首先要确立的是，此品牌的"核"是什么。

1975 年开始销售的产品 "Dydo Blend" 2012 年开始作为新品牌 "Dydo Blend 咖啡"（以下简称 Blend 咖啡）再次打入市场。旧品牌商品是该公司成立 37 年以来占据该公司咖啡饮料销售额一半的热销产品，受到消费者的认可和追捧。

"这次销售不完全是建立新的品牌，而是灵活运用了现有品牌的品牌价值"，在谈到新产品的时候该公司作了这样的陈述。所以，在新产品开发的同时，充分利用现有老品牌的价值是一种实用而有成果的销售方法。

一个包装上有多面旗子

为了确立包装设计的资产价值，

左为新产品的 Dydo Blend 咖啡，右为旧产品的 Dydo Blend，在新产品包装上继承了旧产品的旗子的设计风格，突出了品牌的特点

咖啡罐上设计了大、中、小三支旗子，是为了放在超市或便利店的货架上也能一目了然地被发现，这是为了扩展产品的销售渠道而做的特别设计

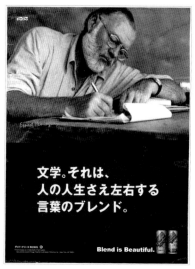

关注咖啡本身的味道，新的软文宣传词是"Blend is beautiful"，配合时尚的设计风格得到了年轻消费者的喜欢

对消费者进行了调查。调查结果显示，在消费者心中印象最深刻的是包装罐上的旗子。

　新的旗子设计作为品牌的图标设计，更具设计感。在考虑新的品牌标志设计的时候，首先要回避的就是不能看起来和旧的商品一样。"为了测试合理的色彩比例试做了上百种样品"（该公司）。

　作为新品牌标志的旗子，大、中、小一共三种，放在货架上也会从不同角度清晰、准确地发现该产品。

　新品牌的 Blend 咖啡在保持原有的贩卖机销售商的优势外，还力图开发超市和便利店等新的销售渠道。现在该公司的产品 90% 是通过贩卖机进行销售，为了获得更多的消费者，

成为让年轻人也喜欢的新品牌，是这次产品更新的使命。近些年，在和咖啡馆及咖啡等卖家进行的竞争中，存在感在逐步提升。

　为了获取年轻消费者的支持，在广告制作上也采用时尚的表现方法。使用受到多个年龄层男性消费者喜欢的著名作家海明威的头像，和品牌的品质相匹配的人物定位，诉求商品对咖啡的深度而又具个性的追求。起到了既兼具老顾客又获取年轻消费者的双重作用。

了解设计流程

日本可口可乐 / 太阳的马黛茶

花了三年时间开发的新产品

仅仅强调产品的功能效应已经不具有竞争力，
要对消费者的生活习惯和饮食倾向作彻底调研。

表现太阳的红色为主色调

· 南美的马黛茶
· 热情的马黛茶
· 马黛茶
· 马黛
····· 作为候补

为了突出暖色调的作用，特意放了一部分冷色调的蓝色，意为表达天空的蓝色

强调太阳光芒的纹路

[实践篇]

● 最终候选方案

最终两个方案中的一个，白色色调的。
会被认为"看起来太素"，所以就否决
了这个方案（高木组长）

2012年3月份，日本可口可乐公司开发的无糖茶"马黛茶"。正如品名一样，用火热夸张的色彩做了包装设计，让人印象深刻。该公司品牌战略负责人在谈论此商品时表示，马黛茶在日本的认知度低，首要任务是让更多的人认识这款产品，所以在设计时，即使从远处看不清品牌的文字也会看到这种印象深刻的包装设计，然后马上想到马黛茶，这是开发设计这种包装的理由。

由此产生了良好的市场反应，8月中旬已经完成了一年的销售目标。其中，二次购买率达到了无糖茶新产品平均值的5倍。

提起日本可口可乐公司，首先想到的是碳酸饮料领域的可乐和咖啡领域的Georgia咖啡，每个都在市场占用率上居首位。但是在茶领域上没有此种商品存在。为了强调市场的存在感，不能单纯地去模仿其他公司的产品。所以，有必要开发提高茶类产品整体销售额的新产品，因此在独自研发的基础上，开发了受市场瞩目的马黛茶。

[实践篇]

包装设计

不仅仅注重功能性，
更注重消费者内在的需求

开发新茶大概经历了 3 年的实践，作为大型新品牌的开发，对消费者的购买习惯和消费倾向都要谨慎、翔实地进行调查。

比如，在过去的一些年，消费者开始关注个人健康，市场上开始出现许多以无糖茶为首的功能性饮料。但是，对于消费者的这种倾向再作进一步调查的时候发现，已经到了仅具备功能性不可满足的时代。

例如，人们已经不是原来的忍耐一下就能达到健康的心理状态。越注意健康越想吃高热量的肉类。同时，经历了日本大地震之后，不论发生什么自己都不会慌乱，不仅是体力，内在的强大也是现在社会上的一个整体风向。

比起强调功效等医疗的表达方式，更强调内涵的表达方式更符合当前社会的需要（公司发言人）。马黛茶产自南美，南美在人们的印象中不仅有好的气候，而且南美人特有的开朗、健壮的特质，会让人直接感受到南美的健康美的特点。吻合新产品的概念。

包装的设计方案从最初的 60 个压缩到了 6 个，直至最后的 2 个方案。以马黛茶茶水为主要元素的设计以及以马黛茶茶具"西马龙"为主要元素的设计，两者设计角度都很好，难以取舍。但是，从已经决定的商品名的角度，简单地表示出太阳的设计更直接，所以选定了最后两个方案。

最后留下来的两款一个是同样纹路的白色色调的设计。功能性饮料的包装上，使用给人清爽感觉的白色色调会获得很多消费者的认可。但是，根据和品名的搭配，最后决定使用红色色调。希望从消费者处反馈出"没有第二家"、"会获得能量"的饮料的评价。

● 说明数据

出典: 厚生劳动省 国民营养·健康调查/博报堂生活调查（2011年·男性20~40岁）

[实践篇]

包装设计

强生 / 创可贴

通过设计面向女性的新包装达到了两位数的增长

要点是"正是给你做的商品"这一点，
在包装上加了高跟鞋的标志。

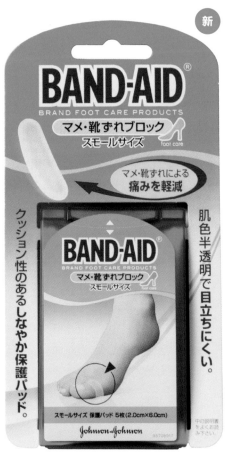

新

商品开发上，当时以女性为
受众的市场目标使得更新
了现在的包装。突出了商品
"半透明的不抢眼"的特点，
在显著位置放了高跟鞋的图
标以强调商品的针对性

[实践篇]

符合女性特点的成功案例

　　强生公司的创可贴，除了受伤应急外，还可以用在生活中的其他场面。一共7种商品的"足部护理"系列，是针对解决和预防脚的烦恼的系列产品。是针对遭受磨脚、起泡、拇指外翻等脚的问题烦恼的女性的产品。

　　在对女性消费者的调查中显示，

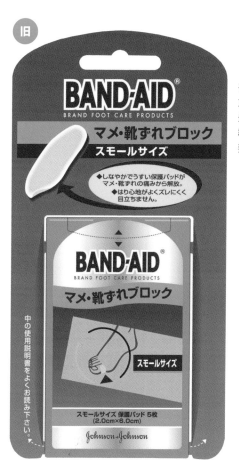

在产品包装更新的时候，一方面要保持现有的客户不流失，同时也要开拓新的客户群。这是产品包装更新的主要原则

[实践篇]

听说过足部保养的有60%，但是使用过足部保养产品的仅仅30%。所以，为了突出针对女性消费者的产品这一定位，对产品包装进行了更新，2012年1月包装更新后销售额增加了两位数。

在前期的调查中显示，发现了"看起来像男性专用产品，不好意思

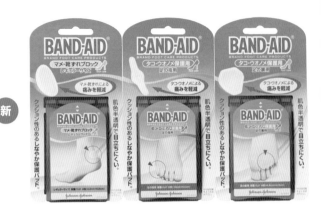

新

买"（同公司）等心理。

脱离男性消费品的印象

新包装的最大作用是向女性消费者准确传达为你定做的产品的特点。整体色调变淡，给人以轻快的印象，使用了符合女性柔和特点的青色和粉色的配色。

在包装的侧面竖着写有"半透明肤色，不显眼"等软文，针对女性客户，有意识地强调了产品和其他同类产品的差别。

同时，加上了高跟鞋的图标，针对女性客户更进一步强调了"正是给你准备的商品"的特点。女性消费者说"每当穿新鞋的时候都会想到"，充

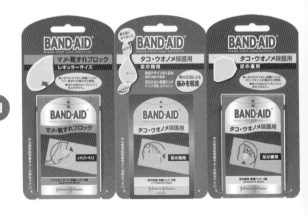

旧

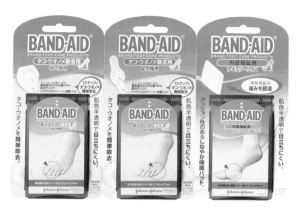

具体使用的部位一目了然地说明。"减轻拇指外翻的痛苦"这样的宣传语也是直中要害

分考虑到了女性消费者的消费心理。

包装的另一个用途是，用在哪个部位、用途是什么。新的包装上，立体的脚的插画说明了使用方法。这也是从前期调查中得来的信息，用途和使用在什么部位不是特别清晰。

这次的包装更新还注意到了一个很重要的问题，就是不能让老客户流失。如果采用了完全不同于以前的设计的话，就会让消费者认为原来的产品已经停止销售了。这是包装设计更新最失败的地方。

在作包装设计更新的时候，原来的颜色背景和容器形状不作改变，一方面降低了开发成本，最重要的是成功防止了老客户的流失。

[实践篇]

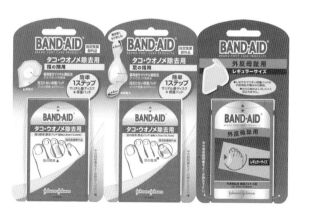

133

包装设计

了解设计流程

Kracie ／ 一发

以外在的可视化，解除不能体验成功的魔咒

如果感到困惑，下面用实际的试制品来探讨。
貌似迂回绕远，其实是最可靠的设计方法。

不仅仅是颜色，形状也进行了改变。为更加容易握住瓶身，加工成了中间细的样式。并且，如果将瓶子放置在淋浴下面，旋钮盖下会由于表面张力而形成积水，进而容易使水沿瓶盖下的细颈渗入瓶内。由此，将原本瓶颈下的平面改换为山形，改良后的形状使水更加容易滑落。换装袋的设计也进行了改造，由原来的容易堆积液体的直角袋角，改为易于液体流出的圆状设计

[实践篇]

决定

4个瓶子并列摆放时的辨识度成为决定的关键

水润顺滑香波　　水润顺滑护发素　　浓密保湿护发香波　　浓密保湿护发素

讨论方案

※模拟图由日经设计编辑部制作

旧

扩充阵容

新商品瓶身采用珊瑚色（护发素的颜色更淡一些），旋钮盖为杏色。"不能因为产品含有杏的成分，就单纯直接采用'杏色'"（饭田主任）。稍微偏粉色的珊瑚色，与黑色瓶身更相配惹眼，摆放在店铺里也顿生华丽感

2012年8月Kracie的"一发"扩充了产品阵容。自从2006年品牌诞生以来，产品瓶身包装色定为香波白色、护发素黑色系，配合加入杏精华的新品出现，大胆采用了橘色系的两种颜色。丰富了产品包装色彩，也因此使新产品的认知度迅速打开，自发售后销售额节节攀升，推算为以前的两倍。但是，定色的经过却是个充满烦恼的过程。

为什么如此说呢？是因为有"一发"的黑色包装提升了销售额这一成功体验在先。白色暂且不论，黑色作为面向女性的护发商品的包装色，是非常罕见的。反倒是针对男性商品的常见色。

"一发"以日本自古以来的草本精华、淘米水的由来成分为配方，这也是它最大的特征。2008年包装转换之际，强烈推出针对日本女性的商品这一目的，将瓶身的颜色由灰色转换为使人联系到光泽浓密黑发的黑色。标志也由英文表示变为日文，使辨识度得到提高。使得稍见停滞的营业额得以提升。自此，"提起'一发'，就是黑白两色的包装"这一认识广泛扎根于消费者之间。

正因为有着这样的成功体验，大幅改变瓶身颜色这一决断变得异常困难。开发负责人在看到设计师提供的新版草案时，据说提出了"保持黑白色不变不是很好吗"这样的看法。

公司内部也存在意见分歧

公司委托设计师以黑白色和容易使人联想到杏色的橘色暖调为基调进行样式设计。但是，做出的设计草案却是接近黄色的橘色为多，使人感觉不到带有"一发"的特点，也不能代表日本，并且感受不到其内涵。作了消费调查，也同样评价不高，公司内部同样出现了"维持原有的黑白调为佳"的声音，开发负责人也深感困惑。

因此，开始重新寻找，在橘色系中是否有最符合"一发"印象的颜色，为此从头开始，查询了几百种日本传统色的色样。发现了同属橘色系的"珊瑚色"，既不是粉色又不是橘色的柔和色调，是最为符合见之即使人感受日本内涵的颜色。

珊瑚色是发簪等装饰黑发的发饰中最常使用的颜色。与黑色异常匹配。因此，瓶盖部分稍偏向黄色，正像是为了配合使用"杏色"而迸发的灵感。用这样的颜色做成样品，与其他公司的产品一同摆放于店头，经新一轮几百人的消费者调查显示，得出了"符合'一发'的产品印象"等高度评价的结论。

对于公司内部持有"用黑白色岂不是更加安全"言论的人，将两种式样的四瓶升级版成品放在眼前时，立刻得到了他们的认同。瓶身仍为黑白色，只是标示与瓶盖变为橘色系，与整个瓶身全部改变颜色的两种式样，分别与四瓶升级版相比较，它们的不同超乎想象。

瓶身为黑白两色的四瓶产品放在一起时，哪一种是新产品让人不明了。至今为止"一发"的使用者，对自己原来用的是哪种产品极为可能会产生混淆。另一方面，新增的两瓶橘色系产品，与以前产品的不同使人一目了然。

有关护发产品的专利权使用费并不高。包括国外产品，品牌繁多，在一瓶尚未使用完了前更换别家产品的情况比比皆是。

在卖场让消费者产生"现在用的到底是哪款产品呢？"这样的设计除外。事已至此迅速作出决断，从黑与白的成功体验中挣脱出来，最终决定增加新的颜色。

包装设计

2006年 ────────────→ 2008年

品牌诞生，英文标示

从这时起，瓶身采用使人产生
黑色联想的灰色等具有"日式"
风格的设计。但是，标示使用
英文

采用焕然一新的日文标示

标示采用日文，更加突出"日式"风格。并且，为弥
补至今外包装的颜色浓度不足，在显眼的位置使用日
本草贴纸以显出华丽感。增加的换装袋上，突出了日
本草的图案

增加定型剂等线条时，为使瓶身的颜色有
统一感，应使用黑色等，公司内部产生了
意见分歧。当时，极力推崇粉色的开发负
责人员，只在标示的部分贴上黑色，最终
决定采用粉色的设计

[实践篇]

变为强调香气及精华的图案

如果瓶身是黑色，那么很难表现气味的芬芳。将樱花花瓣
置于标志周边，很好地突出了芬芳香气。并且，为强调日
本草精华的使用，在日本草粘贴纸的范围采用了使人联想
到精华的黄色

2012年

更加富有华丽感

标识周围又增加了樱花的花瓣以显现豪华感。替换袋的包装，也将原有的只
有左侧印刷的商品标示，在右侧也增加了，这样在店头摆放时无论从哪个方
向看，即使重叠摆放，标示也一目了然

[实践篇]

了解设计流程

伊藤园 / "Tully's Coffee Winter Shot"
咖啡连锁店的"味道"为卖点的细致工夫

找出实际正在销售中的外包装的问题点。
卖出之后才是决定胜负的时刻。

鉴于来自美国的众多咖啡连锁店的影响，日本的热咖啡的啜饮方式也发生了改变。最大的变化，莫过于盖子上接触嘴唇的地方了。配合唇形的立体杯口，现如今已经被大众接受。盖子的形状由专门提供给便利店的杯子改装升级而来，这就是伊藤园的"Tully's Coffee Winter Shot"。

更便于咖啡饮用的设计

把咖啡饮料事业的强化作为课题的伊藤园，为尽可能运用其集团企业Tully's Coffee Japan的品牌号召力，开发了面向热饮销售的杯装咖啡。他

因为Tully's Coffee属于美国西雅图咖啡连锁店，杯盖就叫"西雅图Top"。以杯子来体现店头制作的咖啡的氛围。2008年11月起开始销售改良版咖啡杯的咖啡产品

饮用口处由原来的按压两次
改良为一次

们说："为了保持在店里面喝咖啡的感觉，仔细探讨了杯子的设计。"

在与杯子生产商共同的开发中，经多次反复试验摸索的就是盖子的形状。2007年年末，限定东京试销售的杯装咖啡，为接近店头咖啡杯的使用感觉，饮用口设计得很小，并且为使咖啡顺利流出，特意设计了为使咖啡顺利流出的空气孔。但是打开空气孔这一行为，消费者并不能完全理解。

试销售结束后，找出问题点着手进行了改良。首先，将饮用口改为不需要空气孔也能顺畅地饮用的形状，同时也考虑了饮用时保证咖啡不会侧漏。在饮用口的两侧加深深度，对嘴饮用时，使横向流出的咖啡也能自然地返回到杯中。并且，为了在饮用时不触碰鼻子，设计了凹槽。

销售热饮是需要完全杀菌的。因此，在塑料杯的内部制作了强化层，以及阻止氧气流入的氧气吸收层，使之成为强化杯。由于标签、杯盖与杯子是一体设计，在扔掉时也不需要进行分类。

"饮用咖啡属于情绪化的行为，所以我们提出了新的咖啡饮用方式"（伊藤园）。市场上销售的咖啡一般多为罐装咖啡。但是，罐装咖啡的潜在消费者男性为多数，有许多女性消费者反映："喝罐装咖啡觉得不好意思"。因此，能争取到这样的女性消费者也是一大目标。销售时，在盖子上面加上盖子套，使它拥有了罐装咖啡所不具备的清洁感。就这样，在杯子上下了细致工夫，产生了使Tully's Coffee品牌增值的商品。

包装设计

Karel Capek / 季节红茶

每年反复探讨、检证，为了磨炼出"可爱的"产品

为刺激粉丝的购买欲望，每一年都重新设计。
在这之下，隐藏着对自身设计进行冷静分析的眼睛。

作 用

有着大大的可爱脸庞的卡通图案，吸引了女性消费者的目光。是用以表现快乐的喝茶时光的插画

描绘了 Karel Capek 的人气卡通"Baji"的2009年的"Sweet Orange"。每年都会有新的 Baji 的插画登场。945日元

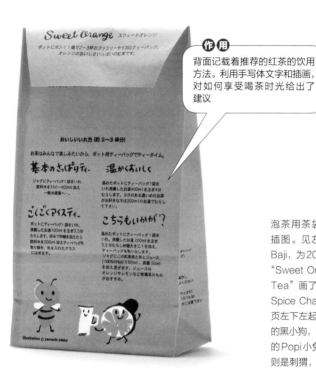

作用

背面记载着推荐的红茶的饮用方法。利用手写体文字和插画，对如何享受喝茶时光给出了建议

泡茶用茶袋"季节红茶"的插图。见左页图左起，卡通Baji，为2008年和2006年的"Sweet Orange"，"Maroon Tea"画了栗子小子，"Daily Spice Chai"则是三只猫。本页左下左起，"Pure Ceylon"的黑小狗，"Strawberry Tea"的Popi小兔，"Ginger Tea"则是刺猬，"Cherry Tea"描绘的是樱桃小猪

Karel Capek 在吉祥寺、自由丘等以东京为中心拓展了多家红茶专营店及餐饮店，在女性中享有很高人气。红茶属于难以区分等级优劣的一种商品，而它能脱颖而出、赢得人气的秘诀就在于它店面内部装饰及商品包装上可爱的插画。

代表卡通人物就是小蜜蜂"Baji"。采用 Baji 的"Sweet Orange"，是每年都更新包装的"季节红茶"商品之一。从开始销售算起，是不足两个月的时间就卖出了一万袋的人气商品。

插画的作者，是 Karel Capek 的董事长山田诗子。山田诗子本人表示，插画是"受 20 世纪 60 年代绘本的影响"，这些插画被不分年龄段的众多女性所喜爱，因为插画充满了可爱感。

但是，在可爱的设计的背后，有着山田董事长冷静的考量："为赢得消费者的视线该如何做？每年针对销售情况，为了能吸引消费者出手购买，在提高商品的'可爱度'上的研究从来没有停止过。"

例如，由此得到的技巧之一是："卡通人物的脸部要大，而且要朝向正面画"。在店头摆放的包装袋上卡通的"眼睛是否和消费者相对"也成为影响销售额的巨大原因。

对于插画是否可爱的基准，不是自己而是交给消费者来判断。至今为止，以销售额低迷的包装为判断材料，向众多女性求证感觉其可爱的标准。前页的刺猬包装袋上，不易画出刺猬的正面朝向，所以以刺猬做卡通代言的商品销售额没有提升。因此，虽然是山田董事长喜欢的卡通人物，也难免遭到被淘汰的命运。

插画所渗透出的欣赏红茶的乐趣

包装袋上让人喜爱的插画，不仅可以刺激消费者的购买欲，也可以为家庭、职场等各种场所的交流创造机会，因而引人注意到红茶商品本身。

一方面以插画引起人气，另一方面，山田董事长申明："包装只是敲门砖，商品本身才是重点，红茶是以味道取胜的。"商品包装及插画如何可爱，只不过是将消费者引向关注红茶的入门处而已。在这后面隐藏的是，如何将人们引领到红茶的世界里面来的明确目标。

对红茶的执着追求，在茶包上也能体现出来。本书介绍的季节红茶，比普通的茶包大一圈，适合茶壶专用。这不是指可以一次尽可能地泡出大量红茶。使用茶壶浸泡茶袋，可以使红茶泡出最好的味道，而茶袋正是为此提供了最合适的量。并且，也可以大家一起体味喝红茶的乐趣。

山田董事长在每年发行四次的商品目录"Tea Time"上登载的插画、设计、茶壶、茶杯等自产商品，无一不亲自出马。包括包装袋上的插画，都是为了向消费者传递——"轻松地享用美味红茶，大家一起欢乐地品尝"——这一 Karel Capek 所倡导的消费理念，以此为媒介，体味欢乐的品茶时光。

包装设计

日清食品冷冻／冷冻 日清胶囊式杯装方便饭团

不断试制，开创食品新篇章

包装容器即调理器具，以及作为食用器具。
满足以上三项要素，准备了试制产品50多种。

[实践篇]

容器利用三角形，让人一眼就可以判断出是饭团产品的外包装设计

比预想的销售势头好，自销售之日起三周，曾一时发表终止销售的"冷冻 日清胶囊式杯装方便饭团"。相比于一般的冷冻烤饭团，足有100g容量的冷冻饭团共三个。目的是取代便利店所售的饭团产品

　　在包装的开发过程中，最着眼于由各种调查得出的区别化要因，并将之成形化的作业——设想转变为具体形状的瞬间。这个过程需要满足各种各样的条件，需要商品负责人以及设计师的认可，才能作为"最终决定案"向最后的终点迈进一大步。

　　本次所举实例为利用现存品牌，在冷冻米饭领域里新加入日清食品冷

冻的事例。同公司9月1日开始销售的"冷冻 日清胶囊式杯装方便饭团（以下称杯装方便饭团）"，其销售态势大大高于销售预测，因此在9月19日发布了暂时停售的消息。之后，在10月15日，除去甲信越地区外的中部以西地区，从11月1日起关东及甲信越地区以北的地区开始再次销售。

　　含有多重决定性要素的包装，

由于对其耐心、不懈的摸索，在此，作为在市场投放中取得成功的产品事例加以介绍、说明。

市场调查及对品牌资本的彻底调查

杯装方便饭团容器的特征，是将烹饪和就餐的两个机能合二为一成为现实。不用罩上保鲜膜即可烹饪，用餐时也有自带托盘。这些必要条件是在进行了市场调查及品牌资产的彻底调查的基础之上，由多重因素构成的。

同公司的调查显示，冷冻食品的市场在2006年进入高峰后逐渐走向回落，但在2008年又返回了成长的轨道。市场上针对个人需求的商品逐渐增加，冷冻食品由"可以存放"的东西，转变为"在想吃的时候去买"的商品。由此调查结果同公司推测，冷冻米饭领域里满足个人需求且方便性高的商品，将会得到很好的市场销路。在现有商品中，可作为午餐食用的、分量足够大的饭团至今还没有。因此，用它取代便利店里的饭团，制作出可轻松食用的冷冻饭团就成了最后的目标。

同公司销售过种类繁多的冷冻面类，但进入冷冻米饭市场还是第一次。作为"创造食品的新篇章"的新晋商品进入市场，决定作为碗装方便面的鼻祖拓展市场，灵活运用杯装食品品牌。但是，单纯借用商品名就期望其能够拓展市场，其商品力度还远远不够。

因此，杯装面所持有的品牌资本，定位于"烹饪和就餐可合二为一的容器"。通过调查得出的，满足既

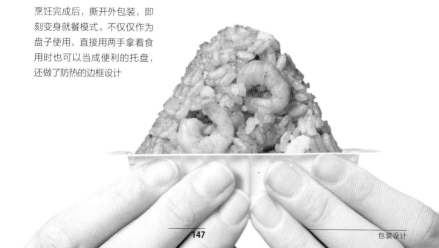

烹饪完成后，撕开外包装，即刻变身就餐模式。不仅仅作为盘子使用，直接用两手拿着食用时也可以当成便利的托盘，还做了防热的边框设计

包装设计

可单独食用又具便利性这一关键词的新容器,将其设想进行了描绘。

令人瞩目的是试制的过程。为使料理用具与食器的两个功能合二为一,制成一种全新的容器,经过了无数次的试制。这一内部容器的试制,包含形状变化在内据说共设计了30多种。

为更加便于拿出、放入微波炉,以及因素材和颜色的不同而导致印象不同等也作为试制品的讨论对象。"包含即使左撇子的人也能方便使用,类似这样的对于细微处的反复检证,终于制出了理想的容器。"

这样,将试制品的制作委托给外包公司,素材以及印刷等,制成了与实际商品同等水准的样品。即使是样品也追求其高水准的完成度,是为了在公司内部进行发表会以及用于检证。实际的素材感觉以及颜色深浅也会成为判断基准。

把饭团以竖着的状态放于容器中的想法,是因为新投入的商品内容如何,能让人一目了然,为此下了很大的功夫。如果像一般的冷冻包装那样,饭团以横放躺着的状态则面积更大,在卖场的也更有存在感,在节约成本和制造时也占据有利条件。

但是,横向长的包装,到底它是意面还是饺子,只以形状让人无法判断。而且,在加热时竖着的状态更加容易均等受热。在提高了其功能性的同时,新的食用方式也在让人一见即懂的容器的开发方面下足了功夫。

50种以上的试制包装

与容器的形状相对应的外包装也做了50多种试制品。目标是让人一见就知晓这是"杯装面品牌的新制冷冻饭团"的设计。

在卖场里最容易被看见的包装的中央,设计了杯装方便面的标志。与饭团同样大小的红色的三角形及虾等材料作为图标并列置于旁边。"我们自己成为主体,为使品牌得以活用、促进新商品开发,我们没有依赖消费者调查,包装也是一直试制到我们满意为止。"

包装上写着"杯装方便饭团",乍一看,似乎只是单纯的复制,但决定用这句话却花费了数个月的时间。反复试制,历经多重苦恼,最终采用了以直接传达商品本质最直率的表现方式。

被称为"胶囊"的新开发的容器。以三连式置于包装内部,每一个都可以分割开,以便分别调理加热

试制品的容器有30个以上。为达到设想中的功能,试制品几经多重试制

借鉴鸡蛋盒的原型,制成了单侧可以开合的试制品。但是此试制容器具有上下易咬合这一优点的同时,也存在蒸汽易渗漏的缺陷

[实践篇]

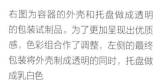

右图为容器的外壳和托盘做成透明的包装试制品。为了更加呈现出优质感,色彩组合作了调整,左侧的最终包装将外壳制成透明的同时,托盘做成乳白色

借鉴鸡蛋盒原型的试制品,还有一个缺点就是容器不方便端。成品版的容器增加了端手,方便从微波炉里拿进拿出(见左图)

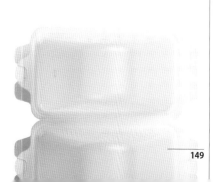

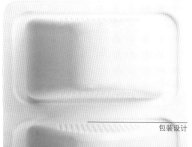

高冈昌生

拥有从海外铅字公司进口的多种欧文铅字，致力于活版印刷的嘉瑞工房的社长。专注于企业文字选定的咨询工作，欧文字体处理的专家。英国皇家艺术协会研究员。武藏野美术大学视觉传达设计排版专业讲师。莱诺库公司的日本和远东地区顾问。

在包装上使用具有说服力的欧文字体的礼仪

是否在合适的场合使用了与其相配的欧文字体？
这将对品牌力产生巨大的影响。

与字数多、很难创造新字体的日本文字不同，欧文字体根据使用的场合和用途的迥异，形成了种类繁多的字体。

既有适合阅读、追求可读性的长文的字体，也有超越可读性、优先选择符合公开场合使用的字体。

使用于午后派对的邀请函，能制造出良好氛围的字体等。是出于何种目的创造出来的，其欧文字体必定有其存在的理由。通过使用这种理解时代背景及意图的字体，赋予设计以深刻含义和说服力，对提高企业的品牌力量作出贡献。

在笔者的公司，主要从事名片、文具、证书类等欧文活版印刷工作。通过上述工作，在与设计师及众多商业人员的交往中懂得了很多事。

例如，在日本使用的欧文字体，要么受制于"禁止这样""必须那样"的类似的硬性规定，要么完全无视规则的存在，这两种情况比较多。

再比如，设计包装时也是同样。虽然规则及知识是必要的，但仅有这些又是不足够的。要使用能够清晰传递商品内容及设计形象的字体。即，在适合的场景选择与之相适合的文字，明了如何遵从礼仪而使用是非常重要的事情。在此，让我们共同学习吧。

欧文字体样本。超过1000页的样本，
可见欧文字体种类之丰富

POSED STRANGE METHOD

PEROUS YOUNG MERCHANTS

UL DESIGNS RECEIVE MENTION

URNALS EXPLAIN HARMFUL DRINK

HEAVY COPPERPLATE GOTHIC CONDENSED

EXPOSED STRANGE METHOD

PROSPEROUS YOUNG MERCHANTS

BEAUTIFUL DESIGNS RECEIVE MENTION

MEDICAL JOURNALS EXPLAIN HARMFUL DRINK

Caslon Old Face Series

Roman & Italic

THE beautiful Caslon Old Face founts, Roman and
Italic, of which sixteen sizes are shown in this book,
were engraved by WILLIAM CASLON in 1722.

REMOULI

ENCHANTIN

HENDON HOME

BRITISH ROMANC

MORDEN ENTERPRIS

BIRMINGHAM CON

REMARKABLE

MIDSUMMER

HISTO

手写体1——传统与程式／规矩

铜版雕刻印刷的字体，
拥有用于正式场合的优雅与格调。

在多种字体中格调最高的就是称为鼻祖的"铜版（雕刻）印刷"书体。铜版雕刻是比活版印刷更历史古老的凹版印刷的一种。用被称为"印花雕刻刀"的极为锐利的雕刻专用刀，在铜的板上刻画或字，制成铜版。不会像胶印印刷那样脱线，使细微的刻画成为可能，为防止伪造，在纸币印刷中也使用这种印刷方法。

铜版雕刻系列的字体中，因其优雅的表现力，如今仍在多种场合广泛使用的就是被称为手写体的字体。发挥铜版雕刻可以使用纤细的线再现钢笔字的特征。因此，即使是雕刻文字，但因其具有"手写"的特点，所以这种字体才被称作手写体。

铜版雕刻印刷的手写体可以拥有优雅的文字表现力，但同时需要高超的雕刻技巧，因而印刷时间也长，不是谁都能使用的字体。但是人们对手写体有很强的憧憬，在铸造技术发展的前提下，金属活字的手写体被广泛地使用。今天所展示的数字字体，可以看出其已具有接近手写体的表现力。

手写体在可读性方面不占优势，但它是兼具优雅度以及铜版印刷时代所传承的高格调特征的一种字体。是在正式的邀请函，以及高规格证书奖状等极为重要的场合中不可或缺的字体。如果在包装设计中使用，将提升产品的形象。

手写体的一种，皇家手写体的字体。左边是雕刻了手写体的铜版。将墨水涂在这个铜版上，再将墨水擦去，只在雕刻的部分留有墨迹。在这上面放上纸张，经过按压文字就被转印了

The Kazui Press Limited
Letterpress Printing,
Thermography, and Hot Foil Blocking
for
Business Cards, Invitations, Letterheads,
and Envelopes
in
English, French, German, Italian, Dutch,
Spanish, Portuguese,
Swedish, Finnish, Norwegian, and Danish
also in
Arabic, Russian, Hebrew, and Japanese

Mr and Mrs Masao Takaoka

Shinjuku-ku
Japan
3268-1961
3268-1962

手写体2——注意大文字的标记

至今为止无意中使用的手写体，
其实是有着不为人知的规则的。

给人留有强烈的手写文字印象的"手写体"，还有在铜版雕刻系之外使用羽毛笔、平笔等各种各样的笔记用具书写的字为原型的字体。

手写体分为文字之间连笔的手写与非连笔的手写两种，几乎不被知晓的是，在手写体使用时需要谨记的一点是：在使用手写体时，原则上不用于书写大写的人名以及固有名词。特别是进行连笔手写体时要极力避免使用全部大写。

并且，因为手写体的邀请函等为正式组版，必须注意将企业名及国名缩写标记还原成全称。例如："U.K."必须标记为"United Kingdom"，类似"Nikkei BP"之类的公司名，一定要查找其正式名称，然后标记为"Nikkei Business Publications"。这属于基本标注方法。

非连笔手写体中，也有大写和略语的标记字体，如照片中所举例子装饰性大写的字体须注意：本照片中的连笔手写体中类似"Mistral"的字体，只有这种字体在短文时可以全用大写来标记。

手写体由于其字体的不同，用于正式场合的情形很多，如熟知以上做法，则一旦遇到紧急情况时也不至于丢丑。

手写体的范例。各字体前带有"★"的，或者是只能用大写来标记的，或者只有大写时，用非连笔手写体。带有"×"的不能全用大写。带"●"的用连笔书写体只有"Mistral"可以用大写来标记

手写体3——优雅的组合方法的诀窍

为使优雅的手写体看起来更加优雅，
有必要在组合方法上下功夫。

现在来谈谈手写体组成时的一点点诀窍。

普通的欧文版，多为首字母对齐或三框式。但是邀请函或资格证书等，为突出优雅度，建议采取居中的排版方式。

此时，关键点在于"to"以及"at the"之类的短介词一个词、两个词即占一行。以短语在前后行作联结，有意识地调节每一行长度的强弱。要尽量避免不是三框式，却左右微妙地对齐的行持续出现的组版。

在使用手写体时，不要随意扩充单词与单词之间的距离。采取怎样的距离才是合适的呢？干脆就模仿酷似照片的样本来写吧。会发现它们之间的距离意外地小。

手写体的大写，特别如 I、P、R、S、T 等，文字的线会向左侧大幅度延展。把这样的文字放在一行的最左端，比较难对付，因而放在中间。

从行的左端到行的右端，如果其中心点正好置于纸面的中心，则给人以左侧轻、重心太过靠右的印象，致使失去平衡感。遇有这样的文字时，一定要在尽量将重心向左侧移动上花费心思。

Mr. and Mrs. A. J. Lawrence
request the pleasure of the company of

at the marriage of their daughter

Mary Ann Lawrence
to
Mr. John William Robinson

at St. Mary's Church
12, Azabu Minato-ku Tokyo
on Saturday, 27th January 1973
at 1:00 p. m.

Reception at
The Oak Room
Imperial Hotel   R. S. V. P.
Tokyo   246-8042

手写体字体组版的例子。如果采取居
中的方式，则尽量使字体迷人以达到
见之高雅的效果

铜版雕刻系列字体的凡此种种

讲求规矩的铜版雕刻系列字体，
除手写体外还有许多种类。

铜版雕刻系列字体，除手写体外仍有许多种类。其中负盛名的有被称为"紫铜版黑体字"的字体。在过去，名片的欧文面使用的就是这种字体。右侧照片中的 Spartan 以及 Largo 都属这类字体。构成文字的线的开端及最后一笔，有个类似小胡须似的装饰线是其特征。

一般来说没有装饰线条的称为体字，为什么没有装饰线条呢？实际上这不同于罗马字体的装饰线条。有一种说法，指在铜版上雕刻文字时，为决定位置而在起收笔时留下的雕刻印记。

除此外，右侧图片下部的 CHEVALIER 也属于铜版雕刻系字体的一种。因为铜版雕刻只能刻出细线，无法表现粗线，因此横向刻线条用以呈现粗线的效果。知晓了字体的由来，这些字体之所以被分类成铜版雕刻字体的缘由便明了了。

紫铜版黑体字以及其他铜版雕刻字体，在外国人的印象中，带有传统色彩且属正统派而兼具格调。确实，葡萄酒的商标、高级化妆品、女性服装制造商的商标以及商品名称等常常使用这种字体。

与铜版雕刻系的手写体非常相衬，虽然字体如此不同，但在同一画面上出现时不仅感觉不到不协调，相反给人以典雅的印象。

什么字都并排陈列并不好，用字体的大小组合搭配来使之平衡，既有高级感又具有传统表现力，因此大大增强了在广告中使用的可能性。

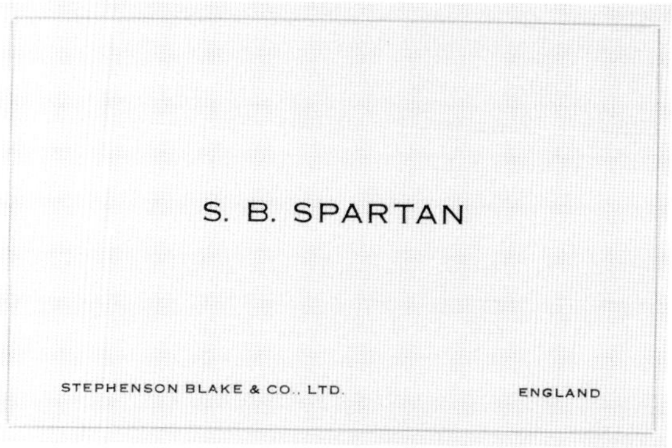

S. B. SPARTAN

STEPHENSON BLAKE & CO., LTD.   ENGLAND

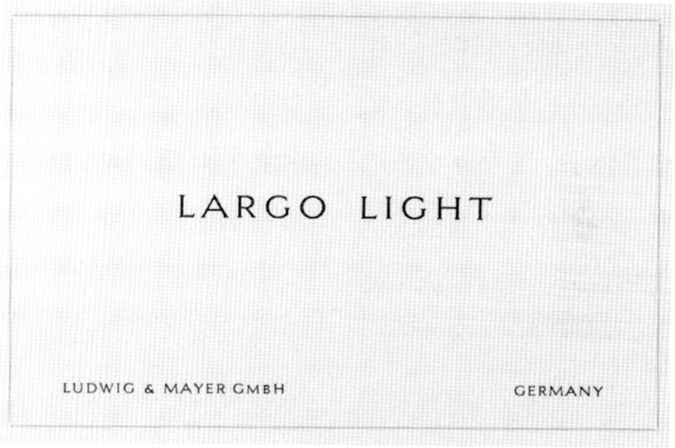

LARGO LIGHT

LUDWIG & MAYER GMBH   GERMANY

CHEVALIER

HAAS'SCHE SCHRIFTGIESSEREI AG   SWITZERLAND

图片中的字体与铜版雕刻系的手写体混同存在，也无不协调感。与
SPARTAN的英国风相对应，LARGO是正统的德意志体。像
CHEVALIER这样加入横线的书写体，也属于传统的凹版字体的一种

山田悦子
包袱布制造商——山田纤维下属的京都和文化研究所"结美"
（むす美）的艺术总监。历经纺织品设计师、餐桌搭配师后任
现职。她为了将物品包起来并系结这种包袱皮文化的魅力传播
给更多的人，在讲演、执笔活动等多方面均非常活跃。积极致
力于包袱布的新活用方法的提案、图案设计、新产品开发等。

用包袱布包装，展示了对对方的一种关怀

包含在包袱布的礼法之中的，是一种对被赠予方的关爱。
在知晓这个的基础之上，日本特有的包装设计就诞生了。

作为自古以来被人们熟悉的、用作日常生活用具的包袱布，现在再次引起了人们的关注。在悠久的传统中培养出的日本人的智慧、对他人的关怀等美德，可以说是通过包袱布的使用修得的。

包袱布本来的功能，是为了保护包在里面的礼物，为了在亲手送给重要的人之前，保证其避免污损、划伤而发明的。

问候之后，在当场赠送礼物之前才打开包袱。这种做法是因为，在运送途中沾在包袱布上的所有的灰尘都由赠送者收回，只将整洁的礼品交给对方，蕴涵着对对方的关心和体贴。

这种思考方式放在现代的包装上来看的话，例如在店面买东西时包装用的纸袋，将物品及袋子直接作为礼物送给对方是不礼貌的行为。纸袋是为携带方便，以及承载商店的广告而准备的，应该只停留于购入者和店家之间。

那么，有没有可以从里面简单地取出来，以方便将礼物交给对方的纸袋呢？另外，将礼物交给对方后，为方便带回去，可以折成很小的纸袋是否可行？基于这种考虑，追求带有日本方式的包装革新成为可能。

包袱布的礼法不仅在日常生活中起作用，而且常常作为包装、款待来宾时设计的参考。在这里说一说有关包袱皮的"包装"的礼仪。

被认为用包袱布来包裹的规格最高的方法为图片中的平包法。如果打了结，那么解开的时候需要时间，就不能顺畅地送给对方。包袱布所使用的绢，本身也是采取最简单的方式才能体现它自身的美。图片中包袱布的图案是"松树"，因其常青的绿色而被称为"常青木"，自古以来被视为吉祥树

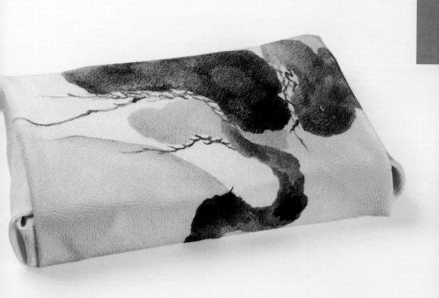

展开唯美，包上华丽的"主要图案"

包袱布的图案多数不像围巾那样采取对称设计。
在那里可以感受到包裹物品的"布"所特有的审美意识。

以花鸟风月等有丰富季节表现感的，以及能带来幸运的被称为吉祥纹样的东西为主题，大面积采用，因而包袱布的设计仅仅观赏就能给人带来愉悦。这样的图案种类多种多样，但是其中有一定的规定和礼仪，您知道吗？

例如，包裹物品的包袱布，作为其重要图案的"主图案"，一般设计在右下方。

将视线注意力集中在右下方，周围留有余白，目的在于表现一块布里面的纵深感。与围巾等的图案不同，可以称为区别于其他国家的日本式构图，是否能让人感受到犹如绘画般的美呢？

但是，许多包袱布采用这种构图的原因并不仅仅如此。将主要图案放在右下方，像刚才解说的"不打结平包法"，也是最能让人感受到美的一种设计。

采用不打结包法，如图片所示主要图案正好置于最上端。实际上，在包裹时最出彩的位置是经过测算的。

不仅展开时状态要美，甚至充分预想了包裹状态下的样子才进行设计的才是包袱布。这种仅为日本所有的纤细的审美意识，在以包装纸为首的包装设计领域中也得到了充分的应用吧。

图片中在盒子上的部分是被称作主图案的主要花纹。采用不打结包法，恰好这一部分会在最上端。图中的图案是"观音水梅花"

包装设计

赋予礼物以生命的"结"

在使用包袱布时，谁都会有"打结"的动作。
在里面包含了将礼物亲手交给对方、为对方着想的心情。

能以最快速度将礼物交给对方的，就是能迅速解开包袱布的平包法。因其既简单又功能性极强的特点，在包袱布的各种包法中被认为是最高规格的。

只是，作为用包袱布来包裹物品的方法，并不是只有平包法。不如这样说，许多人听到"包袱布"就会立刻联系到将其系结包裹的做法。

实际上这个"系结"的行为，不仅止于形式，而是有更加深刻的含义在里面的。

像说"生青苔"一样，"结"是个有着"出生"意味的词（译者注：日语中，"生"和"结"是同一个发音）。"系结"这个词就是从这里派生出来的，指生命诞生的意思。

父亲和母亲结合，然后就生出了儿子（むすこ）或女儿（むすめ）。从日常生活中的类似词语中也可以体会到，这个词是被很珍惜地使用着的。

"结"这一行为，自古以来就被认为是赋予生命的行为。给包袱布系结这一作业可以说是指给重要的人赠送礼物时，作为赠送方，把自己的心情一并投入进去的一种作业吧。

由一块布衍生出来的"结"，因为所赠送的对象和礼物内容的不同，衍生出各种各样的形式。但是，系结方法的基础其实集中在如图片所示的"死结"中。在下一页，我想针对这个"结"作介绍。

使用包袱布,有各种各样的系法。其基础就如
图片所示的死结。只要记住了这种系法,其他
的各种系法不过是它的活用而已。包袱布的图
案是"斜向立体樱花海"

不可思议的、很难松开却容易解开的死结

历经长年的传统应用而形成的系法，
其实是对谁来说都容易学的通用设计。

用包袱布包的东西，并不都是四角形的。有时为了搬运瓶子、有时为了包裹像西瓜一样圆形的物体、有时会把包裹布当成手提包来用，因为所包裹的物体不同，产生了许多系结的方法。只是，看起来各种各样的系法其实不过是"死结"的应用而已。也就是说，无论是多么复杂的系法，只要记住了"死结"的方法，就没什么困难的。

所谓"死结"，即如图所示的系法。只要正确地系上就绝对不会开，另一方面，想解开的时候又能很简单地解开，兼具这双重的安心感。先人的手巧和智慧可以从中窥见一二，是极为功能性的打结方法。

伴随着日本生活文化的变化，现在很多人都已经不知道解开死结的方法了，其实只要掌握诀窍就变得非常容易了。

首先在打结的状态下（如图所示），在结的分叉一侧所对着的那面（如图 A 部分），用右手抓住，再用左手拿起本体的同一侧（A′）。将 A 向右方拉伸，使 A 和 A′处于同一直线上（如图所示）。然后结会一下子松下来，之后一直按住 A 的右手换到结的地方，一下子把结拽开就会简单地把结解开。正确的做法，实际上也是谁都可以做到的通用设计。

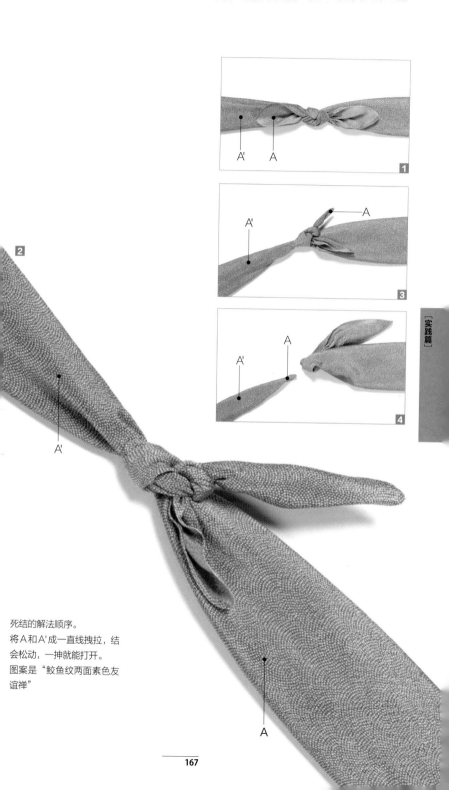

1

A' A

2

3

A' A

A'

4

A' A

死结的解法顺序。
将A和A'成一直线拽拉，结
会松动，一抻就能打开。
图案是"鲛鱼纹两面素色友
谊禅"

A

山口信博
图形设计师。山口设计事务所董事长。2001年开始主持折形研究所。致力于将传统的包装方法的折形应用于现代生活中。广泛活跃于与折形相关的展览会、工作室、原创商品的开发等。

了解熨斗（礼签）的起源

带有传统色彩的形状，一定有其含义在里面。
那么就让我们来学一学，既不破坏传统的设计里所包含的
其原本的意义，又能将其顺利地融入现代生活中的方法吧。

折形，是指在室町时代确立的赠答时包裹的礼法。其中，有一种是流传到现在，在我们日常生活中仍在使用的，在祝福、还礼等场合用的礼签袋。并且，中元节、岁末礼品赠答时放置于其上的礼签纸就是折形包装的原型。

不知您是否注意到在袋子或贴纸表面的右上方，常印刷着象征喜事的小包裹状的形状。其中，有的会书写平假名的"のし"（礼签），因为与"のし"的平假名形状相近，有的也会印有蕨菜的图案。

所有这些传统的"熨斗鲍鱼包礼签"的折形，是在漫长的历史中经过多次简化、转化而形成的如今的形状。但遗憾的是，在形状变迁的过程中，其所包含的本来的意义、对待他人的真心等内涵也逐渐消失了。

熨斗是指施加压力以至物体伸展，即现在所说的熨东西的熨斗一样的工具或指使用其工具的行为。因此，"熨斗鲍鱼包礼签"就是原指将晒干的鲍鱼，用日本纸折形的方法包裹的物品。

原本的习俗是礼品本身用折形包住，在上面系上绳子，之后添上以折形方式包裹的晒干的鲍鱼。熨斗也不是像现在的小型的东西。有喜事时一定有喜宴相随，那么这种情形下赠送可做喜宴鱼料理的熨斗鲍鱼，显示着最高的礼节。

在传统的形式的背后，一定蕴涵其本来的意义。不是在表面的形式上做文章，而正是在其本身所具有的意义中似乎更能发现新设计的提示及可能性。

[实践篇]

左边是江户时代时使用的包裹熨斗鲍鱼包的折形的雏形。
礼品之外，把熨斗鲍鱼包包住送人的曾经的习俗简而略
之，演变成了现今的熨斗（礼签）袋或熨斗（礼签）包

在传统中逐渐培育出来的关爱他人的心

喜事包在右手边，丧事包在左手边开口。
在貌似不经意的规矩中，实则隐藏着为对方着想的心。

喜事的包是右手边开口。凶事的包是左手边开口。这是折形自古以来的大原则。恐怕，仅仅说是规则会让人一时难以理解。但实际上，在这个原则的背后隐藏着"礼仪之心"。

日本人在问候时，弯腰低头行"礼"。我认为，这个姿势就包含着"礼仪之心"。躬身垂头的姿势，是向对方敞开的姿态，属于最无防备的姿势。这是抬高对方，压低自己的姿态，并且还能与对方保有一定的距离。

与此相对，西方人或是互相靠近拥抱，或是握手，以求得亲密的身体接触。这里既包含人与人对等的人生观，同时又含有对立的可能性。所谓的"礼"，就是一种为了避免对立的东方的智慧吧。

折形的右手边首先用左手从纸的左侧开始折，实际上这是比较费劲的一项工作。但是对于接受方来说，像打开竖版右侧开的书一样，用相当快的速度就可以打开礼物。

不是优先考虑自己作业的方便与否，而是尽量替接受方着想。这就是所说的"礼"，指用"礼节"与人交往而非其他。

折形的背后，像这样的"礼仪之心"处处可见。这是一种舍弃"我"，而为对方着想的设计。凝望折形，有时会不知不觉地这么想。

右边是喜事用，左边是丧事用包纸币的信封。
喜事用的"右开口"封包，用右手打开时比较
方便。丧事用在左手边，而且开口较深，比较
难打开

包装设计

结合了功能性和阴阳思想的优秀设计

不仅仅是喜丧的封包，
像系绳的"结"里面也隐含着对接受方的关怀。

现在针对在系结上所体现出的、对对方的关怀来说一说。

被称为折形的"圣经"的伊势贞丈的《包装记》序文中，有这样一段记载："结的圆圈部分必须仔细系，圆圈的绳端不可在左侧而必须放于右侧，是为了方便用右手拉动礼品绳端是也。"也就是说，用绳在类似瓶子样的圆状物上系结时，只要系左侧有半圈的结就可以，右侧是绳端，以方便用右手拉动。

实际操作一下就会明白这么做的理由了。当赠送圆形物的礼物时，横放着解开结时，会因为晃动而不易解开。这时用左手握住包装，右手拉礼品绳端会很易解开。因此，这样包装的理由就显而易见了。

相反，如果是平面的箱状物的礼品时，因为可以放在地上，双手是自由的，可以用双手来解结。系结有双向都有圈的双结，也有只单侧有圈的单结。我们只被系结形式的外观设计吸引，而对解开结时的功能性却常常忽略了。所以说，在其背后隐藏着对对方的关怀和体贴。结本身就是"礼仪之心"的体现。

并且，"结"里面也潜藏着东方的阴阳思想。"圆状物即用单侧圈结，平状物与大地形状相似属阴，物体并列时属阴，是以平面物用双圈结，此为自古以来之传承也。""物体并列"是指偶数。在上述书中是这样阐述的：圆圈、天、奇数属阳，平面形状、大地、偶数属阴。

"结"在兼具功能性的同时，与东方的宇宙观重合，我认为是极为优秀的设计，您是否也这样认为呢？

像类似葡萄酒瓶的圆形物时，采用单侧结。考虑到单手握瓶身，只用右手就可以解开礼品绳结。四方形的物品可以平放解结，因此采用以双手解结的双圈结

包装设计

因与对方的关系而变换纸质

如正式礼法的"真"体，稍微草一些的"行"体，不拘于格式、能自由表现的"草"体。
不同等级的表现方式在折形里面也有。

笔者在刚开始研究折形时，有几点已在心里面下了决心。

其中之一是，在学习传统的同时，如何将折形试用于现代化中。为此，将关于折形的如《圣经》一样的伊势贞丈的书用心地反复翻阅。

在伊势贞丈的《包装记》的序文里有如下一节："用折形包裹礼品时有几个注意事项。送给高位的人时需用'檀纸'（内容略），位稍低的人用'引见纸'（内容略），再其次的人用'杉原纸'（内容略）"。

"檀纸"、"引见纸"、"杉原纸"指的是不同的纸质。即书中阐述的是，按照与赠送礼品的对方的关系，有必要选择不同等级的纸质。

正如花道、书道、茶道中，有"真、行、草"这样的语言，有重视事物的等级这样的文化。折形也是室町时代确立的礼法，所以有着共通的思考方式。只是，与其他技艺种类不同，需要根据自己与对方的关系来选择使用的纸类。

根据喜丧包封的约定俗成、礼品绳"结"的约定俗成，还有"真、行、草"的约定俗成，之后依照现实生活中所发生的事情，就可以自由地运用。

在送给比自己位高的
人礼品时，用右侧被
称为"檀纸"的日本
纸来包裹，被视为合
乎礼节

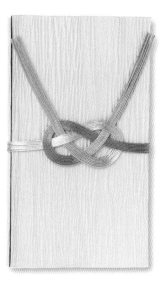

给予自己同等的人礼品时，使用
"引见纸"。关于"引见纸"有诸多
说法，在这里用的是皱纸

给小辈或在比较随意的场合赠送礼
品时使用"杉纸"。这里使用的是厚
板平面的美浓手工日本纸

第 4 章

应用篇

探寻畅销品包装的秘密

畅销全世界的包装设计秘密

包装设计

大塚制药 / Pocari Sweat

不变的思想，不变的包装

长期被人们喜爱的品牌是如何孕育出它的包装的呢？
追溯隐藏在长寿品牌设计中的长期畅销品的秘密。

流行

设计的变更点
瓶子的形状

容器的形状、尺寸随时代的变化为顺应生活方式，而采取灵活的变化。近年包装趋于轻量化等，有意识地在环保方面下功夫

现行包装

不更改

不变的设计
图形

以"喝宝矿力水特时的水分吸收，要比喝淡水时快"为主题而设计的图形，至今为止都没变

ION SUPPLY DRINK

POCARI SWEAT.

POCARI SWEAT is a healthy beverage that smoothly supplies the lost water and electrolytes during perspiration. With the appropriate density and electrolytes, close to that of human body fluid, it can be easily absorbed into the body.

[应用篇]

发售 ▶ 1980年

设计师 ▶ Helmut Schmidt（Japan International Agency）

特征 ▶ 依照"可以顺利地补充由于出汗引起的失水和失电解质"这一概念而开发的清凉饮料水。是自从发售以来，味道和成分从未作过任何更改，设计也基本保持不变的长期畅销品品牌

饮用体验最重要的是顾客的

1985年　　1997年　　2007年

图形虽然不变，但是随着人们生活的饮用习惯的变化及社会意识的变化，及早捕捉到这些变化，经常进行改良，以常保品牌的新鲜度

图形变化仅有一回

1980年　　发售后不久

蓝色和白色的波浪形状，是为了表示和淡水做比较时水分吸收的速度差。由于此前几乎没有蓝色包装的饮料，曾被顾客揶揄为"像油罐子"。开始销售后不久由片假名标示的包装外，颜色、字体等基本图没有改变过

诞生于1980年，到今年已经迎来销售的第32个年头的大塚制药的清凉饮料"Pocari Sweat"，它具有至今为止，本连载介绍过的长期畅销品的包装所不具备的、显著的特征。

那就是，历经32年的时间其图形设计几乎没有改变这一事实。以蓝色为基调，白色波纹为特征的包装，自1980年发售，很快更改了设计，但图形一直沿用至今。

宝矿力水特是一款"由于出汗而引起的失水和失电解质，比水更快地予以补给"这一来自顾客的诉求而推出的商品。包装设计依据"饮用宝矿力水特时，对水分的吸收比喝淡水时快"这一主题，蓝色和白色的波浪形状，用以表示吸收速度的差别。

在众多的饮料制造商为寻求视觉新鲜感而频繁更换设计之时，唯有同公司的包装设计以"是否符合商品主题"（大塚制药宣传部门）为第一诉求。"我们制作、培养的是迄今为止从未有过的全新主题的商品，并站稳了市场"（同部门）。

对其公司来说，包装设计就是对其商品所具有的独特的价值及本质的传达。不是为了时尚而改换衣着般地附加于商品之上的东西。

不改变设计的判断，在高效的设计投资上也具有重大意义。如果是国际性商品，开发时要支付给设计方1500万～2000万日元。在此之上，如果进行设计竞赛，还要支付给相当于每间设计所数百万元的追加成本。并且，每当更改设计时，围绕着设计有关的各种印刷物、广告媒体的替换等成本支出也是惊人的。

形象战略＋科学的方法

但是，并不是所有的消费者都能按照制作方的意图去理解商品的本质。相反，受商品的外观吸引而感兴趣的顾客更多。因此，迄今为止在形象方面支撑宝矿力水特的是电视等的广告。宝矿力水特在1980年发售后，花费了13年的时间销售了100亿瓶（按340mL一瓶换算）。1990年代，仅用了5年时间就销售了100亿瓶，刷新了爆发性的增长纪录。支撑这一人气的，是新起用的女艺人，因为推出了以普及年轻一代为目标这一广告战略。

宝矿力水特开展的品牌战略可以分为几个部分。使消费者知道商品存在的最初的3年时间，然后是商品所持有的功能性向消费者彻底展示，以达到谋求稳定市场的目的。

实现急速增长的1990年代，不着重于诉求商品功能性的优势面，转而成功地转变为日常饮用品、切身的存在这一印象。

在那之后，再次针对商品的功能性的优势持续作宣传。现在一边保持着稳定的销售额，一边致力于可以带动消费者新的饮用习惯的包装尺寸的提案的实施。另外，在环保意识增强的当下，其正在进行着对于节省资源型的环保瓶的实施，以使品牌的基础更加稳固。

近年来，同公司积极地推进，在科学的研究成果之上发现的优势与宝矿力水特的特质联系起来，以此促进与顾客的交流互动。例如，在冬季干燥期，鼻子、咽喉等预防上呼吸道感染的器官的机能会低下，而饮用宝矿力水特类的离子饮料恰好可以抑制其机能低下。除此以外，它还能使人们在入浴过程中的脱水症状得到恢复，比水更加有效果等。依靠确凿的证据，正在努力地发掘更有利于消费者的优势。

在老龄化急速加剧的过程中，为了使其成为国民性的饮料以谋求发展，如何吸引不受商品形象变化而左右的高龄消费爱好者成为不可忽视的课题。为此，这样的研究成果以何种形式传达开来，是今后备受考验的重点。

包装设计

第1期　导入期
作为水分补充饮料，旨在确立其地位的时期

第2期　固定期
对商品所持有的功能性进行全面、彻底的宣传，旨在固定市场的时期

第3期　转换·扩大期
不仅仅作为功能性饮料，确立作为休闲时的清凉饮料的形象，谋求产品年轻化的时期

开始进军海外

245mL罐装的价格由120日元改为100日元

累积销售达成100亿瓶（按340mL罐换算）

发售340mL罐

由拉盖的形式转换为开盖后

在4月发售罐装245mL品
在6月发售粉末状1L用

发售瓶装570mL品。开展面向年轻男性的大容量、大尺寸商品

发售1.5L大塑料瓶

▶ 商品开展及重要事项

[应用篇]

▶ 广告·交流的政策

为使产品在消费者中获得高级、高雅的印象，扩展了起用外国艺人的广告	为向消费者传递商品的功能性，起用了系井重里、艺人森高千里等出演小品的广告	面向年轻人，起用了宫泽理惠、一色纱英（照片右）等当时的女性新艺人。强调表现的方式

1997年	1998年	2001年	2004年	2008年 2010年	2012年
		2000年 2002年		2007年 2009年	

第4期　再构建期

随着客户数量的增长，"制汗的饮料"这一主题逐渐被遗忘，再次突出功能性饮料的特点

第5期　再成长期

除了推进广告，同时满足消费者更多层次的需求及对环境保护意识的重视，同时也进一步提升保矿力的功能性，大力强化和推进多层次产品战略

累计达到销售200亿瓶

累计销售达到300亿瓶

发售900mL环保瓶

发售500mL塑料瓶

发售900mL瓶装。900mL是1天内人类即使什么也不做也会失去的水分量。依此科学根据为基础的尺寸战略

4月发售200mL瓶装。呼吁即使没有感觉到口渴，也应该养成勤补水的习惯。研究即使放入女性的提包内也不会碍事的尺寸。7月发售2L瓶装

发售290mL、380mL的"地球瓶"。为了纪念25周年而设计，服部一成氏亲自参与

发售500mL环保瓶。由以前的27g减轻30%至18g。只要开盖，瓶子会拿得顺手并感觉变软。因此回收时更容易压扁

【应用篇】

继续起用新艺人，增加了如洗澡后饮用等具体场景的广告表达

如福山雅治、SMAP、北野武（照片右）等无论年龄与性别、被各个年龄层都熟知的艺人，增加了起用这些人的机会

Lotte / Ghana Milk Chocolate

登上顶峰的红色包装

约50年的时间持续销售的红色包装。
它的设计紧跟商品成长的步伐。

现在的包装

发售 ▶ 1964年
设计师 ▶ Lotte 商品开发部 设计企划室
净含量 ▶ 58g
特征 ▶ 作为巧克力点心的后开发产品，却取得了2008年全年销量全国第一的纪录。芳醇的可可和牛奶的浓郁结为一体，拥有光滑的舌尖触感的板状巧克力

　　说起"嘴巴的恋人"，这是乐天著名的广告词。同公司的"加纳牛奶巧克力"（以下称加纳牛奶）是从1964年开始销售以来，约历经半个世纪仍在售的长期畅销商品。

　　虽然有着令人惊异的50年历史，但作为巧克力点心类，它属于后开发品。1918年诞生的"森永牛奶巧克力"、1928年诞生的"明治牛奶巧克力"等先行产品已经占领市场，加纳牛奶是如何打入这个市场的呢？

执着于鲜红的包装

　　解开这个秘密的钥匙，就在长期受人们喜爱的红色包装里面。参与市场激烈竞争的加纳牛奶所秉持的特性，在这个包装设计中强烈地反映出来。

不变
不更改的设计

其一 梯形的外观形状

与内装巧克力同形状的外观是加纳品牌的象征。也曾有过使用正方体外包装的时期，很短时间后仍转回梯形包装

其二 金色的压花加工

以压花加工加上金色的组合以突出商品特性，以此作为宣传点

流行
设计的变更点

改版后标志大方又端正

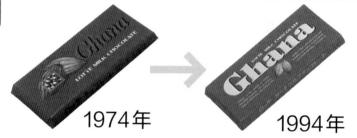

1974年 → **1994年**

自发售以来历经30年，品牌已稳定占据市场。将设计重新改版，把商品标志放置在中央并扩大字体。直接打出商品名称，是一种寻求品牌深度渗透的设计

创业于1948年的乐天，一直专注于口香糖事业。1960年代上半叶，口香糖事业顺利发展的同时，想要开创新的领域，于是选取了巧克力行业。当时的巧克力市场，其他公司的产品包装都以茶色显示其存在感。因此，考虑到在卖场如何能吸人眼球，所以就有了延续至今的鲜红色包装。为宣传新销售产品而采用这个华丽的颜色，并且作为可以刺激食欲、通称为"加纳红"的颜色，在高度经济成长期中无疑在消费者眼中显得格外新鲜。

加纳牛奶在发售时的广告用语是"瑞士的味道"。这是基于当时市场上其他公司的轻口感的巧克力产品占据主流，希望用真正的味道欲与之对抗的营销策略。

1964年

瑞士的味道

自从产品诞生以来没有改变过的鲜红的包装。可可舱的插图被放大，表现了对可可豆原料的精益求精。纸包装的外包，价格分30日元和50日元两种

1974年

「美味的板状巧克力只有乐天的加纳噢」

价格为100日元，包装尺寸相应加大，两者并轨。商品标志增大，突出存在感

1994年

「最让我和妈妈接近的就是加纳无论何时都在我左右」

第一回改版

第一回正式的改版。将商品标志大大地置于中央。由纸包装变更为使用方便的盒包装

1998年

「原味加香，真是满足」

公司创立50周年纪念的限定包装。公司名称由来的歌德的《少年维特之烦恼》中的女主人公夏洛特的肖像画作为图案

1999年

商品名称由来的可可的原产国——加纳共和国的邮票作布局

2000年

原材料的可可果实作为图案，采用粘信封用的封蜡模样的插图

2003年

「经过四十年光阴的打磨，味道更加甜美。今年是四十周年」

第二回改版

[应用篇]

第二回真正意义上的改版。变为更加简约、现代的设计。红色也愈加鲜艳

2011年

「心意相连，红色巧克力」

微型变化后的现行包装。为了使商品陈列在货架上时可以清晰地看到标志，将标志稍稍向上方移动。如今价格仍是100日元（不含税）

为了在日本再现被称为牛奶巧克力发祥地的瑞士地区芳醇的巧克力味道，特意邀请了瑞士技师，制作出了独特风味的巧克力。采用少酸味、温和且以品质稳定著称的加纳产可可，由公司人员亲临现地确认可可豆的品质，并由本公司烘焙，不断追求可可的味道与品质，也是加纳牛奶的特征。

这种对味道的自信与不懈追求，体现在红色包装的金色加纳标志上，也包含在可可果实和可可豆的插画的图形里。是掌握市场准入的命运，在体现差别化要素的高级感和品质感方面表现突出的包装设计。

只看一下可能会不显眼，标志采取了压花加工，所以这也是能体现高品质的设计。标志以立体可视的方式既表现出高级感，又在消费者拿到手中时，担当了确认加纳牛奶的作用。虽然这个工夫增加了成本，但作为加纳牛奶的设计个性，至今仍在延续。

并且，梯形的包装也是一个不变的特征。这是把巧克力本身做成梯形的加纳牛奶的独特的形状，直接反映在包装的设计上。实际上，1990年代的一个时期，由纸包装转换为盒包装时，曾经采用过正方形的盒包装。

但是，来自消费者的反对意见和基于将失去加纳牛奶本色的判断，又恢复了梯形形状。采用盒包装是因为与以前的纸包装相比，可以比较容易地保存吃剩的部分，而且有巧克力不容易破碎的优点。

在1994年正式改版

自产品诞生以来，持续使用了几十年的包装设计作为其产品的个性特点被广泛接受，另一方面，施行大变动的是品牌代表的加纳的标志。1994年实施的第一回正式改版，标志变粗变大，将其置于包装的中央位置。自发售起经过了30年，已进入长期畅销品行列的加纳牛奶，为进一步宣传品牌，诞生了新的包装。

乐天全部产品的设计管理的负责人说："我们认为商品所持有的高

级感及品质感已充分渗透于消费者中间。把可可的插画缩小，相反扩大品牌标志以取得强调效果，作了这样的变更。根据商品的成长，对于包装所承担的作用的优先顺序也会发生相应变化。"此后，标示占据中央位置的设计，承担了提高品牌知名度的任务。

公司成立50周年时登场的限定包装，是回归原点的包装。这个包装采用了公司名称由来的歌德的小说《少年维特的烦恼》为主题。接着1999年采用的可可原产国加纳的邮票、2000年采用的以可可舱为主题的包装分别登场。自1964年以来不曾更改过的，用包装的插画来表现的对于可可的执着追求的设计，使人有了更加深切的体会。

与时俱进的加纳红

在2003年，实施了第二回的正式改版。包装整合为现代、简约的设计。标志下面记载的英文变得更为简洁，在其下标写有"New Standard Chocolate"。"当时的目标是使消费者意识到这在市场上属于标准商品。输送了加纳品牌是与时俱进的这一信号"（同公司语）

实际上第二回改版时加纳红也有若干变化。在店铺货架上，为了能够迅速吸引消费者的目光，采用了更为鲜艳的红色。

对于长期畅销品来说，与时代共进，必然出现新的竞争商品，这就必须用新的包装设计来与之抗衡。迎合时代发展采取柔软的变化之时，又不失掉自己的个性，这才是作为长期热销品的加纳牛奶的真髓所在。

第二回改版后，从发售开始历经44年，在2008年，加纳牛奶创造了巧克力点心的年销售总数国内第一的纪录。而且，至今仍保持这一最高纪录。加纳牛奶抢先一步迎合时代的需求，并一直在包装上体现出来。对巧克力点心品质不变的追求，其主张所代表的鲜红色的包装，现在与"嘴巴的恋人"一起，并列成为乐天的象征，得到了长足的成长。

花王 / Attack

设计与性能一体同心

时刻都在进行变化的消费者的生活方式。
对于这个变化，以性能的进化和设计的进化进行对应。

现行包装

发售 ▶	1987年
设计师 ▶	花王制作中心 包装制作部
尺寸 ▶	136mm×153mm×95mm
（现行品）	
商品重量 ▶	1.0kg（现行品）

特征 ▶ 小型洗衣用洗涤剂的先锋。
为反映其开发成果，历经20回以上
改版，在25年里，各大国内品牌中
保持第一市场占有率的成绩

　　1987年起发售的洗衣液"Attack"
的最大特征在于，"与历来产品相比，
只需要三分之一的量就可以清洗干净
的革新性"。既存商品多为4kg，即将
其缩小成1.5kg的尺寸。但洗涤次数
却是相同的，这是它的卖点。

　　"只需一勺，就能洗出令人惊讶
的白色"这样的广告语的登场，加之
生物酶的洗净力和小型包装，受到消

费者和卖店的欢迎，Attack瞬间就占
据了巨大的市场份额。

不动摇的设计核心

　　成长为同公司的招牌产品的
Attack，其包装设计均为公司的制作
中心包装制作部完成。在设计上有两
个重点。其一是在公司内部被称为
"Attack Green"的象征色绿色。其二

<table>
<tr>
<td rowspan="2">

**不
变**

不更改的设计

</td>
<td>

其一 标志＋日冕

</td>
<td>

其二 Attack Green

</td>
</tr>
<tr>
<td>

深蓝色标志的线条几经加重，象征着太阳的黄色和橘色的"日冕"组合不变。传达易溶于水的白色梯度轮廓，代表具有可渗透的洗净力的光辉，等均在包装上有所体现

</td>
<td>

Attack一贯采用其代表色——绿色。在店面里的视觉效果以及对环保的考量，随时代的变化颜色深浅会有所改变。特意不固定色号及色卡，使其定义保持柔和的意味

</td>
</tr>
</table>

**流
行**

设计的变更点

配合环保意识的提升改良包装

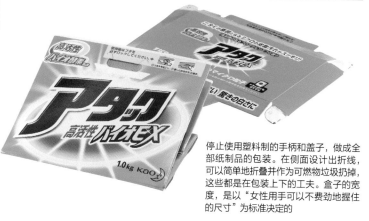

停止使用塑料制的手柄和盖子，做成全部纸制品的包装。在侧面设计出折线，可以简单地折叠并作为可燃物垃圾扔掉，这些都是在包装上下的工夫。盒子的宽度，是以"女性用手可以不费劲地握住的尺寸"为标准决定的

[应用篇]

就是品牌标志。

Attack之前的洗衣液，外观多数使用蓝色或白色、给人带来清洁感的颜色。与之相对，花王本着推出全新商品这一策略，特意选择了绿色。几

乎全由标志构成的简洁的图面，表达了Attack的创新性在设计面上也有所体现的意图。

在1990年代前半时，以这两点为基础，"看准长期热销品所具有的

普遍性，找出设计的核心"（同公司语）。从相当于第五代产品的1993年的包装起，强调了象征太阳光照射的黄色和橘色构成的"日冕"的主题。

与日冕成一体的标志是设计的核心。日冕代表着"将脏污从纤维的深处洗出来"的生物酵素的强大的力量。与性能的提升相呼应，日冕的光辉的部分逐年加强，这也是令人感兴趣的地方。

标志周围的表现力量，以及为了对表现洗净力的白色的强调，Attack绿也渐渐地有了颜色上的浓淡变化。这也是源于卖场的照明逐年增强的缘故。

与日冕成对出现的标志，以及Attack绿，这两个是设计的不可动摇的核心，并且伴随着时代的变化，持续向消费者传递着Attack品牌的一贯性。

在包装表面，传递着浓烈的品牌信息，与之对应的背面，是针对开发产品的功能的具体说明。被封闭在木棉纤维里的脏污，受到生物酶的作用，这样的显微镜照片，是每一代产品都相继继承的模式。

也有顺应时代要求的变化

针对包装的变迁，同公司这样说明："设计上的变化，必定是伴随着产品改良一同出现的"。作为产品，革新永无止境。生物性功能的增强、新开发的阻害剂、活性生物酶……追看历代产品的广告用语，可以发现，当时新开发出的机能、性能等无不在当时的包装设计中大量体现。

每回追加的新的要素，同时反映着所处时代人们的生活方式。比如洗衣物时脏污的质的变化。与原来相比，衣物的泥污减少了，由"脏了再洗"，变成了"穿过了就洗"（同公司语）。现在衣物脏与否不是靠眼睛看来判断，而是到了闻味道来确认的时代了。

领先一步，对于清除气味、脏污的诉求先发制人，在1995年发售了Attack的液体洗衣剂。当初的液体洗衣剂，是针对毛衣类衣物、浸泡洗，以及涂布于领口、袖口之上的面向特殊用途洗涤的高附加值产品。但是，它逐渐侵占了粉状洗衣粉的市场，2010年已经占据了一半的市场份额。

液体洗衣剂使用的增加，是因为用少量的水即可洗涤的洗衣机的普及，以及人们更愿意选择使用比粉末容易化开的液体洗衣剂。为顺应液体洗衣剂的普及化，花王增加了产品的容量，2006年为使用方便，在瓶装洗剂上增添了把手。

于2009年投入市场的"Attack Neo"，是迎合了洗涤环境的变化和环保意识的提高双重需求的小型液体洗衣剂。2.5倍浓缩，不仅可以彻底清除污垢，而且漂洗仅仅需要一次，这是它的宣传重点。表现"节电""节水""省时"三大优点的标志，就像iPhone的程序图标一样，给人以耳目一新之感。

粉末状Attack产品也根据消费者意识的变化，于2000年年初作出了利用包装保护环境的决定。其实不仅是出于对环境的考虑，其结果制作包装的成本也得到了削减。

作为长期热销品的Attack，确立了自己稳固的地位。从今以后革新与进化也将不停歇地继续进行下去。

更进一步的进化与市场的开拓

首先观察"洗涤"这一活动，然后确立按照需求不停地开发出新产品的方向。2011年7月发售的"Attack Neo抗菌EX"，是一款能抑制产生气味的原因菌的产品。在首都中心区密封性好的高层建筑里，在室内晾晒衣物时，人们越来越注重其所散发出的气味了。特别是以夫妇双方都工作的家庭、年轻层为中心，衣服攒到一起

包装设计

开始采用日冕

轻量化

1987年

虽然体积小却可以用60回

1993年

确立设计的核心"日冕"

1995年

2000年

投入液体形式的洗涤剂

同时强调柔软、力量的设计

"更加柔软""保持原本色彩"的表示

洗并在夜间晾在室内等家庭逐渐增多，在消除气味这方面，更加需要优先地采取对策。

"Attack Neo抗菌EX"用蓝绿颜色和标志继承其品牌资产，并附加了新的功能，所以设定了比库存商品贵10%的高价格。在高附加价值化方面取得了成功。

另一方面，在海外市场中寻求生路。迎来了人口减少时代，恐怕从今以后国内市场已经达到饱和。而海外，尤其是成长显著的亚洲市场的开拓，对消耗品制造商来说是个紧要的课题吧。花王的包装设计师频繁奔赴亚洲各国，观察市场和产品使用情况。将从中得到的结果发挥到当地产品的包装设计上。

2001年　2006年　2009年　2011年

表现微粒子的易融性

增添标志旁的气势，强调

日冕的跃动产品进化感

伴随着大容量化增加了把手

将蓝绿色作为基调颜色

统一粉状、液状产品的标志

开发小型产品

以黄绿色展示环境功能

将优点用图标表示（左下）

统一粉状、液状产品的标志

增加生产线

抗菌型的高附加值产品

[应用篇]

 节水　 节电　 省时

Glico / Pocky

"可爱度"在亚洲受到广泛阶层人士的喜爱

在世界范围内销售大增的日本品牌。
支撑这一人气的是隐含在包装里的工夫。

日本

百奇巧克力

70g

约150日元

1996年发售。横向放置变成竖向放置的包装，由拉开式变为盖盖式。现在的包装是在2004年大改装后的微调整，以红色底金色文字为特征。广告总监是江崎格力高广告部的驹芳昭氏，设计师是川路洋成氏（彩色图片在两页后登载）

　　如果某种商品的类似品在市面上很多，对厂家来说是一种麻烦，但同时也是人气指标的表现。

　　其代表比如Karubi的"河童虾仙贝"，在全世界范围内被模仿的、日本咸味系点心的代表如果是这个的话，那么毫无疑问甜味系点心的代表就是江崎格力高的"百奇"了。

百奇现在在30个以上的国家和地区销售。在许多国家的东方食品超市也在售卖，不算上直接参与格力高销售网络的部分，应该有更多的国家和地区也在销售。

百奇的特征是"细细的棒状百味圈上，除了手持部分外都裹着巧克力"的点心，这在亚洲一带、欧洲、美国甚至俄罗斯也能看到。从这些类似品的数量多、卖场占地大的特点来判断，百奇的认知度、人气在东南亚，尤其在泰国、马来西亚、印度尼西亚非常高。

江崎格力高海外事业推进部，针对产品在亚洲的人气这样说："日本从1996年起发售，之后4年后成立了泰国格力高，并在当地开始制造生产。这是较早进入市场，长期同消费者进行交流的结果。在日本放映的广告也在当地播放，因此日本文化本身与百奇的印象交织在一起。在欧美的产品和当地点心都并列摆放的东南亚，格力高的点心让人感到非常可爱。拿着可爱的百奇，在学校和朋友一起品尝很开心，相信是有这样的印象的"。

在泰国销售的百奇一侧用泰语来表示，分量有所不同，但与日本的包装设计几乎没有变化。日本的格力高百奇的设计并不是特殊附加了"可爱度"的元素，可以说是日本文化中潜在含有的独特的"可爱感"的外现吧。

东南亚的类似品也在追求可爱度，但是常常陷入"可爱＝幼稚"的倾向里面。从十几岁到20、30岁被泛年龄层的人士接受，并且不显幼稚地表现出来，对其他国家的制造商来说是很难模仿的。

泰国格力高的官网（http://www.thaiglico.com/en/product/domestic/product.html）上可以看到泰国的广告。女高中生手拿百奇，不知不觉跳起舞蹈的设定。作为一个小道具，无论是幼稚的包装，还是像欧美糖果那样给人以高级感的包装，都不能成立。可能是比较主观的意见——日本独有的可爱的包装，今后也仍将是日本产品的卖点。

[应用篇]

包装设计

日本

泰国

百奇

（巧克力味）

47g

约15泰铢（约40日元）

于1970年成立泰国格力高，同时发售，成为泰国格力高的代表产品。基本上沿袭了日本的设计，侧面由泰文构成。内装产品、包装皆为现地制造

泰国的各种版本

草莓口味、小尺寸的牛奶口味、香蕉口味基本属常规品。颗粒草莓、破碎百奇等根据不同时期，销售各种风味的产品。与常规口味的巧克力并列，草莓口味也很有人气。比在日本想象得到的粉色更加鲜艳，是其特征

［应用篇］

上海江崎格力高食品有限公司成立于1995年，成立之始开始销售百奇，在上海生产制造，向全国销售。外包装设计基本和日本产品一致，Poclcy译成"百奇"

风味繁多，不仅限于百奇，可以说全部的中国食品都如此。常规的巧克力以外，有抹茶、咖啡、杏仁、牛奶、草莓、双层巧克力等。据说在中国牛奶具有高级感，所以牛奶口味销量最好。碎杏仁、颗粒、慕斯百奇等季节性商品也存在

美国

Pocky

Chocolate Flavor

70g

约2美元（约160日元）

1980年代前半开始，在日本生产的产品出口到美国、加拿大。除巧克力Kraft外仍有数种销售。在当地，由美国江崎格力高和格力高加拿大销售

欧洲

Mikado

Chocolate Noir

90g

1.8欧元（约188日元）

1982年与法国糖果制造商Generale Biscuit公司（现属Foods旗下）合资，开始在法国生产，在欧洲各国销售。尺寸由于国家、地区以及销路的不同而有所变化

Kewpie ／ Mayonnaise

不是格子而是条纹

在中国销量稳步提升的丘比沙拉酱。
人气的理由在"吸人眼球"的设计里。

日本
丘比蛋黄酱
500g
357日元

1925年第一次作为国产的沙拉酱发售。1958年开始售卖现在所用的聚乙烯塑料瓶容器。模仿鸡蛋形,瓶身圆润,为避免与空气接触面积增大而氧化,顶端做成较细的形状(彩色图片在两页后登载)

沙拉酱在日本是塑料瓶，而海外玻璃瓶是主流。因此，有人说日本的蛋黄酱商品在国外不受欢迎。

但是，最近听说在美国的购物网站，对丘比沙拉酱的评价很高。实际检索后发现，评论的人数多，当地的人比日本人多，内容也几乎都是"日本的沙拉酱惊人地好吃！"之类。

经询问丘比公司，在美国销售的商品都是出口自日本，主要由在美日本人购买。在美国大约30年前开始销售，直到最近才突然在网络上人气爆发。今后这里将作为有更大销售发展的地区来考虑。

另一方面，不具有新闻性但销售数量稳步增长的当属亚洲圈，其中中国是个强有力的市场。仅在中国一地，2009年度的销售额就达到了2亿3300万元（约合31亿日元）。

丘比公司于1993年在北京成立丘比食品有限公司。随着市场的扩大，2002年在上海附近的杭州，成立了杭州丘比食品有限公司。

日本和中国的丘比沙拉酱包装设计有两大不同点。一个是设计重头的花纹，日本面向国内市场的是格子图案，与之相对，面向中国市场的是竖条纹。设计的宗旨是既承袭日本的特色，又能受当地人所喜爱。在上海住宅区的两家超市看到的印象是，比日本鲜艳又杂乱的卖场里，粗竖条纹确实显眼。

相隔甚远的第二点是，包装形状的种类极其丰富。与日本相同的聚乙烯塑料瓶、在欧美常见的玻璃瓶，并且以枕头形状装在透明袋子里的也有（在和日本食品情况相似的中国台湾，也有这种枕形包装）。

之所以种类如此繁多，是因为仍处于普及阶段，作为食品类应该放在卖场的什么地方？以什么样的形状"固定"下来？这些还都没有定论。以上海超市所见为例，瓶装沙拉酱或与"酱状调料"类摆放在一起，或者和家常菜、豆腐类专柜放在一处，还有的与日本食品专柜的牙膏式芥末放在同一地方等，放在各种各样的卖场中。以什么样的形状固定下来，取决于在中国沙拉酱的使用方法。也许说不定因此能诞生一种全新的容器形状呢。

应用篇

包装设计

**日本的丘比沙拉酱
容器种类**

300g玻璃瓶/200g聚乙烯塑料瓶/	
50g聚乙烯塑料瓶	
323日元/178日元/64日元	

双层盖

2001年开始采用。打开盖子的上部是细孔，取
下盖子可以挤出稍粗的星星形状

中国

丘比沙拉酱 原味

200g

9元（约合114日元）

写成"丘比"，读作"qiu bi"。在中国销
量最好的是玻璃瓶装的产品，除照片的
200g之外，还有400、800g规格的。
口味除右侧聚乙烯塑料瓶装的几种，还
有卡路里减半的甜味沙拉酱

中国

| 各种聚乙烯塑料瓶装容器 |
| 各150g |
| 8元（约合102日元） |

左起原味丘比沙拉酱（Mayonnaise）、原味卡路里减半（Half）、香甜味（Sweet Mayonnaise）、丘比千岛酱（1000 Island）。采用双层盖。塑料瓶装的还有300g规格的

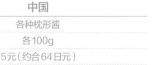

中国

| 各种枕形酱 |
| 各100g |
| 5元（约合64日元） |

※汇率是2010年8月中旬的数据

包装设计

畅销全世界的包装设计秘密

Ace Cook／方便面

包装上没有小猪君的理由

在越南占销售市场第一位的Ace Cook的方便面。
对宣传越南本土特色的当地模式的设计进行分析。

日本
云吞面
95g（面88g）
希望零售价　100日元

自1963年发售以来，一直是Ace Cook的招牌商品。在关东地区不太常见，但在关西地区有超高人气。橘色的底色自从发售时起从未变过。除酱油口味、袋装面之外，还有碗装面。（彩色照片在两页后登载）

方便面厂家 Ace Cook 在越南占据第一的市场地位。同公司的信息显示，在人口约 8600 万人的越南，方便面的年间消耗量已扩展到约 43 亿份，其中 Ace Cook 的出货量年计超过 28 亿份。约占市场份额的 65%，因此是堂堂正正的第一品牌。

Ace Cook 在 1993 年成立现地法人，成立越南 Ace Cook，1995 年起开始正式制造生产。产品包括包装在内，所有的都在当地开发、生产，与日本的产品群完全不同。日本的 Ace Cook 主流商品是碗装面，而在越南袋装面则压倒性地占多数。本次将人气最高的袋装面系列 "Háo Háo"，与日本 Ace Cook 的招牌袋装面 "云吞面" 作比较。

越南的方便面市场从 1990 年代起开始成长，由于仍处于发展阶段，包装模仿其他国家产品的痕迹很明显。袋子的图片上豪华的各种食材盘踞于面之上，与邻国的泰国风格极为相近。

对于色彩的使用，具有越南的独特性。在历史上，越南一直以来受中国的影响，最近则受泰国的影响很深。但相比于这两个喜欢艳丽色彩的国家，越南无论从图形到建筑，使用暗淡的色彩的场合较多。"Háo Háo" 品牌的底色就是采用了低调的中间色。

Ace Cook 越南的品牌名称，是越南 Vietnam 缩写后的国家的爱称 VIVN，因此称为 "Vina Cook" 以宣传越南特色。市场不仅限于越南国内，也扩大到邻国，同公司期待从制造成本低廉的越南将市场扩展至世界范围。

其最显著的表现在包装上描画的卡通人物上。不是在日本被大家熟知的 "小猪君"，而是一个小男孩作为卡通形象代言人。

"考虑到穆斯林的习惯，不用小猪的标志更好。越南本身穆斯林并不多，但向海外出口的增大，使得有了变更标志的考量"——Ace Cook 是这样说明的。不使用以猪肉为原材料的商品，包装上都有清真标志。

方便面的需要量在世界上年年增加，占世界人口约 20% 的伊斯兰文化圈也不例外。在日本国内的食品业界里几乎还没有这种意识，但在开展海外业务时这已经成为一个不可忽视的要素了。

日本

越南

Háo Háo

75g

根据卖店不同价格也不同，基本为2500越南盾（约合12日元）的程度

于2000年销售的系列。其中酸辣虾的口味最具人气。包装上使用的模拟图与日本的相比，面与食材都极具存在感。在越南，对于食品上的表示没有特别的限制，由各厂家自主决定表示项目。Háo Háo系列此外还有7种口味

[应用篇]

●Háo Háo的各种产品

Vina Cook还有美国面的"DE NHAT PHO""Oh! Ricey"粉丝的"MIEN""Good"、小麦粉面的"So Do""De Nhat""Daily""Mi""Kim Chi""King-Cook""Inter""Good"以及"Funny Chef"

● 调理方法的不同

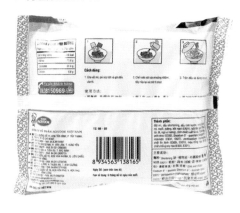

越南的方便面不需要煮食，放入大碗中，注入 400mL 的热水等待 3min 即可。在一般小店里没有普及扫条形码的设备，考虑到在超市的销售，还是必须记载条形码

● 形象代言卡通人物的不同　● 注明日本制

MADE WITH JAPANESE TECHNOLOGY

Vina Ace Cook 的产品没有显示日本厂家的名字，在产品上部标明"日本技术制造"。与其他东南亚圈国家一样，越南国内对于日本食品、日本技术有很深的信赖感

越南的卡通代言是名叫特斯蒂柯德的男孩子。厨师的形象设定不变。代言人"小猪君"是 1959 年诞生的，现在的第四代诞生于 1963 年，与云吞面的诞生同年

由于出口海外，附上回民标示。根据出口地的不同，阿拉伯语、英语、汉语等记载文字也作相应调整

※ 使用 2010 年 9 月前后的汇率

包装设计

Panasonic Group 三洋电机 Energy 公司／Eneloop
重视面向欧洲的使用说明书

大震灾后，因干电池不足而受到瞩目的 eneloop。
在海外是如何进行宣传的呢。

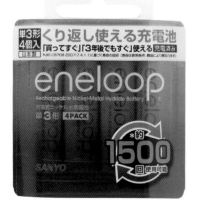 

日本

eneloop
单三　四个一组包装
公开价格（店头价格 1500 日元左右）

于 2005 年发售，包装使用再生塑料。从 1 号到 6 号、电池数等有多种类型。使用于游戏机、USB 接口等模型与太阳能充电器，并且开展了在空气净化器等家电商品中的应用（彩色图片在两页后刊载）

由于东日本震灾发生引起的严重的电力不足，"为停电预备干电池"的消费者逐渐增加，可以重复使用的充电电池的需求量增大。

2005 年 11 月由三洋电机（当时。现在松下集团三洋电机的 Energy 公司）发售的 eneloop，在镍氢充电电池市场中占据首位。2006 年开始出口，现在大约在 60 个国家进行销售。到去年 12 月末累计出货超过 1 亿 5000 万个。国内外的销售数量比例约各占一半，内外的销售都在稳步上升。

对包装设计的掌控，皆在日本国内进行。出口地区大致划分为中国、东南—南亚、欧洲、北美、南美等区域。在制造产品时，一边倾听当地的声音、一边推出与竞争商品不同点的兼具考虑价格因素的商品。基本上承袭国内的包装形象，但在细节上又有很大的不同。

在素材选用上很大的不同在于，使用树脂制的外包，还是纸质衬台加起泡材料？纸质衬台可以大大节约成本，但在对日本的电器产品有很强信赖感和憧憬感的中国、新加坡、泰国，采用了与日本相同的塑料树脂质的外包装。在中国，基于现地发出的"卖点是日本的技术和设计"的声音，采取的对应方法为，面向中国的外包装上贴着中文的贴纸。

面向欧洲的商品，在包装上记载的信息是有特征的。背面的说明使用了四种颜色印刷，在视觉感官上也给人以说明极为详细的印象。针对这一不同点，同公司给出的理由是基于消费者购买行动的不同。

"虽然在欧洲约40个国家销售，但核心是德国。实际参观德国的卖场可以发现，不仅限于家电产品，各种商品的'内部内容'都想被知道。消费者仔细研读包装上的说明，比较多种产品，甚至花两个小时才决定购买商品。当初提出了与日本几乎相同的塑料包装的提案，应当地的要求，最终选择了可以扩大说明书面积的纸质台纸。与别国的纸质台纸相比，在欧洲为了使电池本身更耐看，电池之间的间隔配置得较宽。"

值得注意的是，在以北美和德国为中心的西欧充电电池已经得到普及。为了与其他知名品牌竞争，着力对功能、成本方面的优势进行了宣传。另一方面，在充电电池并未普及的亚洲，包装设计就是考虑了对日本产品有信赖度、受日本的设计吸引而购买产品的消费群体的需求。

在日本，可以预测今后随着充电电池市场的进一步扩大，竞争也将更加激烈。那时，在欧洲市场上推出的有详尽说明书信息的情况，也会同样在日本市场上出现。

日本

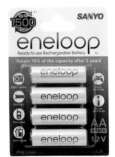 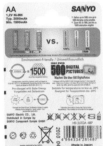

欧洲

eneloop

单三　四个一组包装

大约1600～1700日元（由于国家、地区及卖店不同而价格有差异）

于2006年发售。eneloop 的标志下记载"Ready to use Rechargeable Battery"（在日本则为Rechargeable Ni-MH Battery）。明确标明与其他公司产品的不同，即其他产品在购入后需要充电。正面的图标和背面的说明书写了很多，简单、易懂是最大的特征。与其他充电电池相比使用效率高，这一比较在其他地区的包装上没有

阿根廷

eneloop

单三　四个一组包装

大约1600～1700日元（由于卖店不同而价格有差异）

在2011年进行重新设计，包装正面的白色和蓝色的渐变层次引人注目。除西班牙文之外，与面向亚洲的产品大致相同，只是图标的种类有微妙不同。在正面用图解标注"12个月后仍残存85%电能"、"即买即用"也是它的特征

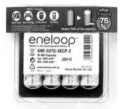

cneloop

单三　四个一组包装

大约1600～1700日元

（由于国家、卖店不同而价格有差异）

包装有意识地采用日本标准，运用塑料素材。但是，作为构造简单仍能以比较便宜的价格制作出来的产品，是下了一番功夫的。使用说明书以一小页纸质形式装入包装中

中国

eneloop 爱乐普

单三　四个一组包装

大约1600～1700日元

（由于地区、卖店不同而价格有差异）

包装同日本标准相同，上有中文贴纸。使用说明书以小页纸质形式装入包装中。电池型号采用中国独有的1号、2号、5号（相当于日本的单3型号）的规格。在苏州、上海拥有专卖店，在日本销售的eneloop系列在中国几乎都可以买到

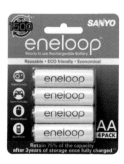

其他亚洲国家及中东

eneloop

单三　四个一组包装

大约1600～1700日元

（由于国家、地区、卖店不同而价格有差异）

为降低包装成本，采用了将纸质底板与透明悬挂式组合在一起的形式。电池规格与美国相同，采用D、C、AA（相当于日本的单三型号）、AAA的规格

※使用2011年4月中旬的汇率

[应用篇]

小林制药／降温贴
正致力于推进国内外设计的统一

以亚洲为中心，销售业绩良好的"降温贴"。
针对不同地区，包装上使用了不同的插画，以此功夫，树立了经典的地位。

日本

降温贴
容量6贴装
建议零售价格441日元（含税价）

于1994年发售。是普及凝胶状降温贴的鼻祖一样的存在。最畅销的是12贴装的产品。成人用、贴身体用、婴儿用等各类型产品不断面世。用粗线条画的线描插画、细长条的类似罩布的标志周边是其特征。制造、包装都在日本（彩色图片在两页后刊载）

　　在曼谷的小胡同里，见过额头上贴着降温贴玩耍的儿童。附近的商店或超市里只有小林制药的泰国版"降温贴"，所以估计就是其公司的产品。

　　在称不上富裕的、建筑物五花八门的住宅区里，小孩子随便用着按照曼谷一般的物价感觉来看，并不便宜的商品。只能说明降温贴在泰国，比日本更加被接受、被广泛使用。

"实际上在海外，尤其是亚洲圈，降温贴销售量的增大非常明显"，小林制药这样发布。降温贴在日本的销售始于1994年。海外发展从1996年的香港开始，之后，1998年在马来西亚、新加坡，1999年在美国、菲律宾，2001年在泰国，开始销售。

那之后，分别在英国、澳大利亚、中国、印度尼西亚持续开展海外市场。降温贴的销售额在日本国内约25亿日元。另一方面，在海外也有约13亿日元的销售额，可见在海外也有相当的人气啊。

伴随海外业务的开展，小林制药致力于降温贴包装的统一、再改版。

"至今为止面向海外的产品包装还没有统一，为进一步强化海外市场，从2012年的夏天到秋天之间，统一了设计，增强了品牌影响力。作为对商品使用效果的诉求，冰镇效果好、长时间有效、凝胶状，这三点以简洁易懂的形式标示出来"，同公司是这样说明的。实际上，诉求关键点之一的"凝胶状"的插画，比以前更加真实。

大体的产品包装都与日本的相近，在新加坡、泰国和美国，与以插画为特色的日本不同，继续采用照片。"原本就是接近医药品的商品，根据地区的不同，有些时候会被当作医疗器具。受欧美影响较强的国家，插画给人以便宜的印象，使用照片的话，可以满足消费者的诉求，有这样的倾向。"

改版后的包装引人注目的是，小林制药的象征标志、徽标、公司名，为了可以一眼可见，都放在包装的上部或与商品名并列的位置。

在B to B网站"阿里巴巴"上，凝胶状的降温贴现在除了日本产品以外，商品增加很多，可以想见竞争的激烈。因此，小林制药认为其热门主角——即所说的像"鼻祖"一样存在的商品，有必要在其包装上提升其独特的辨识度。

日本

美国

Be Koool

4片装

3.99美元(约合330日元)

在美国,普遍认为照片比插画易传播、效果佳。起用迪士尼卡通向儿童进行宣传,易于理解。制造、包装均在中国

泰国

Koolfever

6片装

55泰铢(约合66日元)

2001年发售。儿童用2片装是最畅销商品,但是有许多小规模商铺,在大型店买进6片装,之后拆包散卖。因此,考虑到即使单个销售也像单包装的商品,里面的各包装袋采用不同的颜色。制造、包装均在中国

印度尼西亚

Koolfever

1片装

7500卢比亚（约合66日元）

于2012年开始发售。其他还有成人用
1片装、婴儿用1片装的商品。在收入
水平较低的国家少量包装的产品更加
具有人气。制造、包装均在中国

中国大陆

冰宝贴

6片装

27.2元（约合350日元）

于2005年发售。在中国大陆，凡属医疗器械，
则有义务记载其"所属范畴名称"。不能使用与其
范畴名称"退热贴（＝发烧冷却贴）"相同的标识，
因此将商品命名为冰宝贴（贴做简体字）。因为小
林制药的一次性保温贴的商品名为"暖宝宝"，给
人以共通商品之感。成人用的插图依据调查的结
果，选用了女性的插画。制造、包装皆为中国

中国台湾

小林退热贴

6片装

160元（约合441日元）

于2000年年末发售。由于地理位置接近的缘故，
销售的是从日本直接进口的商品。包装虽然采取
现地式样，但加入"儿童用"或"冷却凝胶"等日
语字样成为其产品宣传点。其他婴儿用产品也在
销售

※使用2012年7月中旬的汇率

［应用篇］

第 4 章 应用篇　　　　　　　　　　**216**

第 5 章

资料

篇

从满含技巧的包装里学习设计的启示

日本各地包装图鉴

"外观"的力量可衍生出更高的价值

在编排方式上稍下功夫，会给商品带来巨大的价值。
从其富含技巧的包装上发掘设计的奥妙。

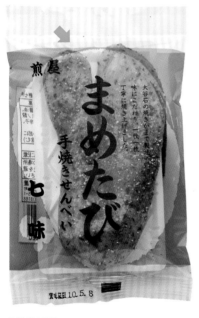

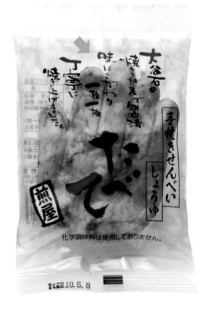

分趾袜? 手?
煎屋的手工烤制豆子七味脆饼（左），美味
手工烧制酱油味。各136日元。分趾袜形和
手形的脆饼。说起脆饼，一般来说圆形和方
形比较常见，以形状变化增加产品附加价值
的想法，应该还为数不多吧

让人联想到犹如炒饭盛在叶子上……

日清GoFan五彩炒饭。包装犹如叶子的外观，展开后内侧也印刷着叶子。直接食用让人感觉不出是在吃单调的方便食品，在使人感官得到享受上下足了工夫

根据包装纸外观变化，使之变得更加有趣

迪恩和迪尔卡的草莓果块（图下方）。57g，460日元。意大利"咖啡口味"蘑菇巧克力，157日元。包装纸只在单侧扭转，外观看起来像草莓一样的糖果，又像是室内鞋形状的巧克力

书写部分因印刷变得如此华丽

NEWEST的"寿司米花"。200g的Party专用装，887日元。米花的尺寸恰好与寿司上面的生鱼部分接近，所以在包装袋上细致地描绘出鱼的图案。在海外做礼物似乎非常受欢迎

牢牢抓住粉丝心里的"隐秘角色"

红牛饮料出品的红牛。罐顶（上面的照片）取品牌logo的公牛形状，对品牌作宣传。貌似不经意地放置在消费者一定会接触的位置，更突显发现时的乐趣

展示各式各样的表情

三得利国际食品的"奈酱"。"奈酱"的500mL瓶和1500mL瓶的瓶盖，总计绘有四种表情。奈酱原本没有明显的面部轮廓，因此无论何种空间都能毫无违和感地囊括进来

日本可口可乐的Qoo。奈酱的竞争商品"Qoo"的瓶盖漫画也有四种版本。利用加工方法，使塑料瓶本身也得以用代言形象或漫画形式表现出来

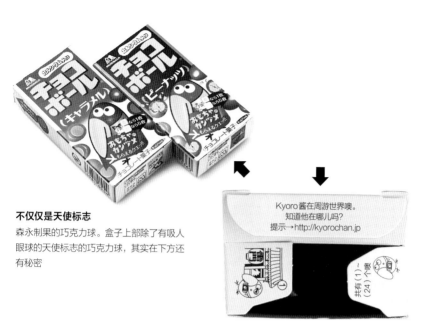

不仅仅是天使标志

森永制果的巧克力球。盒子上部除了有吸人眼球的天使标志的巧克力球，其实在下方还有秘密

有时在里面

乐天的绿口香糖、冰爽薄荷口香糖

两种日常的包装如同上面图片所示。其中，有时偶尔有如下图片中隐藏着的包装设计图案

221

包装设计

尺寸的变化使价值也随之而变化

可放入手袋的便携尺寸
比利时的"New Tree"巧克力。
315日元。如车票大小的平板巧克
力1盒内装3块。因其易于进食的
尺寸，即使隐藏在包包里面也不碍
事，大小正合适

随形状变化口味亦不同
Socio工房的"薯彩 薯块"。189日
元。即使同样属油炸马铃薯食品，
但与薯片还是完全不同的口味。切
成方形、有脆脆的口感。并且比薯
条的包装还要小，便携性极高

如果是固体，外包装可以成细长状

KAMEBISHI的"Soy Salt"，1460日元。将酱油经过冷冻干燥处理，使之固体化。黏稠的口感不仅有趣，而且不必为弄撒而担心了，如右图细高尺寸的容器也可以盛装

方块状薯干是全球适应的设计

福田商店的"小粒薯干"，280日元。因是预先切好的一口大小，不需要咬断，食用便利。因此受到各个年龄段消费者的喜爱

包装设计

为适应节能及形式的变化等，包装也仍在不断进化中

不必丢弃的源自植物原料的调料袋
奥井海生堂的"海生堂的袋装高汤"，690
日元。包装袋使用的是源自玉米的素材，
用过高汤后可以直接把整个袋子埋入土里
作肥料

只要谨慎选择材料就不会出现过剩包装
蔗糖饼干，18枚装1470日元。蝴蝶结和包装纸使用相同的纸材料，
包装纸像礼品签纸一样只在袋子侧面盖住。并且蒜皮纸将纸盒整
体包住。乍一见会有过剩包装之感，但因为纸张本身轻薄，并且素
材的统一感较强，所以不会给人包装过剩的感受

仅仅由于外观做成三角形，就可以给人以特别的印象

Neal's YARD REMEDIES的"豆饼芝麻饼干"和"豆饼长角豆饼干"。自身包装极其简单且环保，各210日元。饼干以圆形或三角形较为常见，仅仅做成三角形就很吸人眼球。并且像奶酪或比萨一样，给人以与酒特别相配的印象。以何种方式食用，根据形状来区分也未尝不是一种重要的战略创新

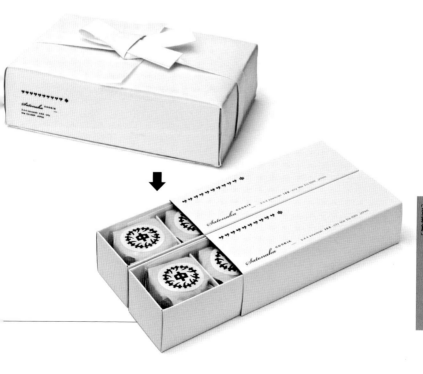

银座白领的浪漫派设计

各公司努力把包装进行本地化设计，
这部分开始作同一产品不同区域的设计介绍。

东京

有乐町的LUMINE百货是银座白领下班
之后的人气购物设施，在第219页之前对
LUMINE百货的商品包装作过介绍。皇室御
用的筑底千岁和果子"果味江米条"（含税，
525日元，下同），是在LUMINE百货出店之
处专门研制的专供产品。上面是同样有人气
的蔬菜和原味江米条（各420日元）

上图为礼品包装袋
（500日元）

来自以色列的美容护理品牌"SABON"的香乳（左，5200日元）和手工皂乳（2000日元）。成熟稳重的色调和95后的年龄上微妙的违和感也增加了产品的魅力。手工皂的外包装袋的袋口的亚光金色和金色的缎带形成统一感，增加了产品的品位

Cosme Kitchen公司进口的"美容乳"（原产地芬兰，6825日元），花瓣的装饰，是非常女性化的一款包装设计

Cosme Kitchen 公司进口的护手霜（2940日元），外包装上搭配了蕾丝边装饰纸，化身为一个精致的小礼物

"SABON"公司的带状包装手工皂，让人联想到糖果

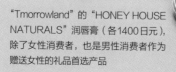

"Tmorrowland"的"HONEY HOUSE NATURALS"润唇膏（各1400日元），除了女性消费者，也是男性消费者作为赠送女性的礼品首选产品

上野地区随处可见的熊猫图案包装

东京上野车站内的商业设施"上野ecute",利用熊猫作包装图案的商品随处可见。这里介绍几种在这里销售的产品包装。① 银座Un·Deux·Trois销售的印有熊猫头像的"熊猫马卡龙";② 王样堂本店出售的"熊猫年糕片";③ 尤海姆公司(Juchheim)出售的画有逼真的熊猫的peltier(6个装,1050日元);④ 传统老店也适用熊猫图案作包装,浅草今半出售的"牛肉便当"(1000日元);⑤ 伊泽草莓园出售的"熊猫油酥饼干",全面展现了熊猫的可爱;⑥ 关山散寿司店出售的"熊猫散寿司",盛放的便当盒本身就是熊猫的头像(680日元);⑦ 上野森年轮蛋糕店出售的是吃着年轮蛋糕的熊猫"熊猫箱装年轮"(1365日元);⑧ Kinokuniya Entrée出售的"熊猫油酥饼干";⑨ 京丹波口 KTAO出售的日式点心干燥黑豆"小箱熊猫套盒"(1049日元)

一张纸展现的直线和曲线的妙趣

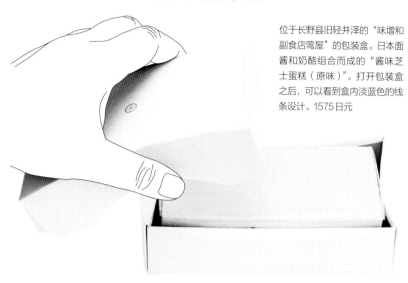

位于长野县旧轻井泽的"味增和副食店莺屋"的包装盒。日本面酱和奶酪组合而成的"酱味芝士蛋糕（原味）"。打开包装盒之后，可以看到盒内淡蓝色的线条设计。1575日元

长野

通过直线和曲线的组合设计构成阴影的包装盒。通常用作内衬纸使用的面作为面纸使用，运用纸的特点形成了独特的效果

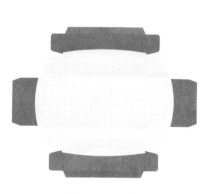

图为酱味芝士蛋糕的包装盒展开之后的样子。看起来复杂的曲线的立体的形状实际上是只用一张纸做成的简单构造，节约了包装成本

包装设计

道内保有持久人气的设计

北海道

[资料篇]

在北海道有30余家的"千秋庵",从1921年创业以来一直重视包装设计。几十年没有改变的超大人气的包装盒至今仍获得广泛的消费者的喜爱。① 因为札幌市位于北纬43°而命名的"北纬43° 50个装"(1732日元);② 1930年开始销售的煎饼"山亲爷(5片装)"(308日元),被称为道内的棕熊;③ 人气罐装产品"小熊维尼的黄油软糖(小罐)"(588日元),每块糖都是小熊的形状,非常可爱;④ 模仿滑雪板的样式做的包装盒"雪板巧克力"里面放了三种不同口味的巧克力(840日元)

以吸引年轻人为主要目的的可爱和乐趣并存的包装

爱知

[资料篇]

爱知县的桂新堂创业150年以来一直生产虾味煎饼,最近为了吸引更多的年轻消费者,开发了新的产品包装。也就是桂新堂的可爱和式系列产品。除了"达摩"、"鹤和龟"、"相扑"等固定的8种产品外,还有每个月替换的"日本童和"和"年历上的和"两种产品。忠犬八公和摩艾像为创作动机的涩谷系列产品在东京涩谷的各商场限定销售。525～630日元

包装设计

东京和奈良以包装来区分

奈良

东京

奈良

总店在奈良的"天平庵"的包装盒的特点是东京和奈良地区使用不同的包装。放在白色陶器里的补丁"天平布丁",东京店的包装设计简单、朴实（左图），右图为奈良店的包装，以华丽为特征。一个315日元

东京

奈良

左图为东京销售的"手工铜锣烧"的包装和礼盒装。
右图为奈良销售的"大和三山"，命名不同，实为同一种产品。根据不同的包装和使用名字作了区分

[资料篇]

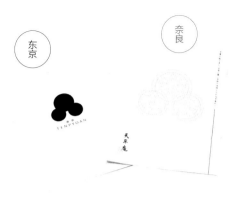

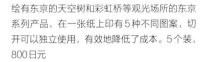

商标和说明书的设计也不同。左图的商标和文字的简单组合是东京的确使用的版本，右图为奈良使用的版本

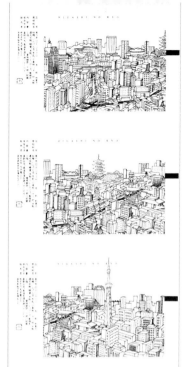

绘有东京的天空树和彩虹桥等观光场所的东京系列产品，在一张纸上印有5种不同图案，切开可以独立使用，有效地降低了成本。5个装，800日元

[资料篇]

不断进化的粹和雅

石
川

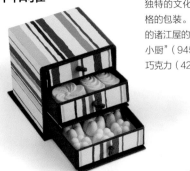

石川县的金泽市被称为工艺之都。以其独特的文化而创造了各种各样独具风格的包装。嘉永二年（1849年）创立的诸江屋的落雁。江户模样的"WABI小厨"（945日元）和以香盒为灵感的巧克力（420日元）

目细八郎兵卫的"小缝纫套装"（2940日元）是把针线和剪刀收纳到小的桐木箱中。印有可爱的花纹的"第一次的缝纫套装"（770日元）

福光屋的"今天现酿"，价格
是1785~2625日元

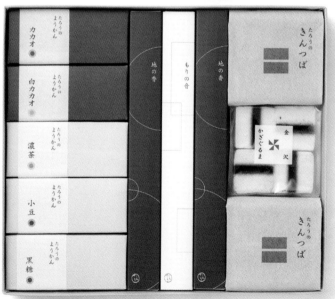

茶果工房太郎的"森林之音（透明包装）"（840日元），左图照片组装的为3288日元

简洁却独具魅力的和式包装

然花抄院的"然"系列蛋糕包装获得了"2011年日本包装设计大奖"。白色纸质的让人联想到鸡蛋形状的独特包装让人耳目一新。包装分为大小两种（每个1575日元、630日元）。长方形的包装是"室町傍瑠"（1050日元），是使用然系列蛋糕烤制而成的

名店长崎堂生产的"然花抄院"的当季鲜果组合"黑果套装"。① 巧克力蛋糕的"黑吕"和可可味的华夫饼造型的煎饼"黑幻月"组合装入竹筐里；② 大米做的日式点心老店Toyosu的品牌十火中的"丸"系列，是把草莓和三盆组合起来的点心套装（图为1260日元）。大米点心上巧克力的"思"系列为黑色的包装（1260日元）

极薄煎饼"箔"，煎饼"匠"使用立体构造的包装盒（各368日元和420日元），把这些组合在一起

杂志内容出处一览

记事タイトル		日経デザイン 掲載号
基礎編		
パッケージの 基本を知る	ペットボトル-1 ／ペットボトルの作り方	2003年12月号
	びんを使ったパッケージ-1 ／あえてガラスびんを使う理由	2008年7月号
	びんを使ったパッケージ-2 ／びんならではのビジネスモデル	2008年7月号
商品やブランドに 対する信頼を高める	サッポロビール／エビス スタウト クリーミートップ	2012年11月号
	ミツカン／金のつぶ	2012年11月号
	キッコーマン食品／いつでも新鮮卓上ボトル	2012年2月号
	キーコーヒー／天使のアロマ	2012年11月号
商品を無事に届ける	サッポロビール／らくもてケース	2009年2月号
	マルタカ／モテるんパックセンターイン	2009年2月号
	クラウン・パッケージ／バリットボックス	2010年12月号
演出する	ソニー／S−Frame	2009年3月号
	アナディス／ミニョン エ アンシェヌマン	2012年3月号
	リタティーノ／アイスクリーム用パッケージ	2012年3月号
	コーキーズ インターナショナル／ショートケーキクッキー	2012年3月号
商品の特徴を 的確に伝える	クラシエ製薬／漢方セラピー	2009年3月号
	ブンチョウ／ベビーコロール	2012年10月号
	ウイリアムス・マーレイ・ハム	2012年10月号
	YOSHIMI ／札幌カリーせんべいカリカリまだある？	2012年3月号

本书由《日经设计》杂志的登载内容节选修订而成，各篇登载的时间和期号如上。编纂本书时我们对当时的文章内容作了修改和更新，但基本信息仍然与当时的内容一致。随着时代的变化，相关信息亦发生了变化，敬请理解。

記事タイトル			日経デザイン掲載号
実践編			
デザインのプロセスを知る	これが基本のワークフローだ		2012年11月号
	キリンビバレッジ／午後の紅茶 エスプレッソティー		2011年9月号
	キリンビバレッジ／世界のKitchenから		2008年11月号
	ダイドードリンコ／ダイドーブレンド ブレンドコーヒー		2012年11月号
	日本コカ・コーラ／太陽のマテ茶		2012年11月号
	ジョンソン・エンド・ジョンソン／バンドエイド フットケア商品		2012年11月号
	クラシエ／いち髪		2012年11月号
	伊藤園／タリーズコーヒー ウィンターショット		2009年2月号
	カレルチャペック／季節の紅茶		2009年12月号
	日清食品冷凍／冷凍 日清カプセルスタイル カップヌードルおにぎり		2012年11月号
マイスターが語るデザインの作法	文字×高岡昌生	パッケージに説得力を与える欧文書体のマナー	2009年8月号
		スクリプト体1-伝統と格式	2009年9月号
		スクリプト体2-大文字表記に注意	2009年10月号
		スクリプト体3-エレガントな組み方のコツ	2009年11月号
		銅版彫刻系書体あれこれ	2009年12月号
	包み×山田悦子	風呂敷が包むのは相手への思いやり	2009年1月号
		開いて美しく、包んで華やぐ「主柄」	2009年2月号
		贈り物に命を吹き込む「結び」	2009年4月号
		ほどけにくく、ほどきやすい真結びの不思議	2009年5月号
	折形×山口信博	熨斗（のし）の起源を知る	2010年2月号
		伝統に培われた思いやりの心	2010年3月号
		機能性と陰陽思想を結んだグッドデザイン	2010年4月号
		相手との関係性で紙質を変える	2010年5月号

記事タイトル		日経デザイン 掲載号
応用編		
ロングセラーパッケージ の秘密を探る	大塚製薬／ポカリスエット	2012年10月号
	ロッテ／ガーナミルクチョコレート	2012年7月号
	花王／アタック	2012年6月号
世界で売れる パッケージデザインの 秘密	グリコ／ポッキー	2011年9月号
	キユーピー／マヨネーズ	2010年9月号
	エースコック／即席めん	2010年10月号
	パナソニックグループ 三洋電機 エナジー社／エネループ	2011年6月号
	小林製薬／熱さまシート	2012年8月号
資料編		
全国地場 パッケージ図鑑	銀座OLロマン派デザイン	2012年3月号
	上野にあふれる客寄せパンダ	2012年3月号
	1枚の紙が見せる曲線と直線の妙	2012年6月号
	道内に根付くロングセラーデザイン	2012年3月号
	かわいさと楽しさで若年層をつかむ	2012年6月号
	東京と奈良でデザインを使い分け	2012年6月号
	進化し続ける粋と雅	2012年3月号
	シンプルだが魅力的な和風パッケージ	2012年3月号
技ありパッケージから 学ぶデザインのヒント	見立ての力が高い価値を生む	2008年11月号
	ファンの心をつかむ「隠れキャラ」	2009年12月号
	サイズが変われば価値も変わる	2010年2月号
	エコや形でパッケージはまだまだ進化する	2010年2月号

著作权合同登记图字：01-2017-6034号

图书在版编目（CIP）数据

包装设计/日本日经设计编；张华峰，洪鸥，颜律
诚译.—北京：中国建筑工业出版社，2020.12
（设计的教科书）
ISBN 978-7-112-25536-8

Ⅰ.①包…　Ⅱ.①日…②张…③洪…④颜…　Ⅲ.
①包装设计　Ⅳ.①TB482

中国版本图书馆CIP数据核字（2020）第185864号

本书由日经BP社授权我社独家翻译、出版、发行。

责任编辑：率　琦　刘文昕
责任校对：王　烨

设计的教科书
包装设计
［日］日经设计　编
张华峰　洪　鸥　颜律诚　译
　　　*
中国建筑工业出版社出版、发行（北京海淀三里河路9号）
各地新华书店、建筑书店经销
北京建筑工业印刷厂制版
临西县阅读时光印刷有限公司印刷
　　　*
开本：880毫米×1230毫米　1/32　印张：7½　字数：260千字
2021年4月第一版　　2021年4月第一次印刷
定价：69.00元
ISBN 978-7-112-25536-8
　　　（26130）
版权所有　翻印必究
如有印装质量问题，可寄本社图书出版中心退换
（邮政编码 100037）